专项职业能力考核培训教材

果蔬盘饰与雕刻

人力资源社会保障部教材办公室　组织编写

主　编：徐佳杰
副主编：彭　军
主　审：严惠琴

中国劳动社会保障出版社

图书在版编目（CIP）数据

果蔬盘饰与雕刻 / 人力资源社会保障部教材办公室组织编写. -- 北京：中国劳动社会保障出版社，2023

专项职业能力考核培训教材

ISBN 978-7-5167-5765-9

Ⅰ. ①果… Ⅱ. ①人… Ⅲ. ①水果 – 食品雕刻 – 职业培训 – 教材②蔬菜 – 食品雕刻 – 职业培训 – 教材 Ⅳ. ①TS972.114

中国国家版本馆 CIP 数据核字（2023）第 041413 号

中国劳动社会保障出版社出版发行

（北京市惠新东街 1 号 邮政编码：100029）

*

北京市白帆印务有限公司印刷装订 新华书店经销

787 毫米 ×1092 毫米 16 开本 13.5 印张 199 千字

2023 年 6 月第 1 版 2023 年 6 月第 1 次印刷

定价：56.00 元

营销中心电话：400-606-6496

出版社网址：http://www.class.com.cn

前言

职业技能培训是全面提升劳动者就业创业能力、促进充分就业、提高就业质量的根本举措，是适应经济发展新常态、培育经济发展新动能、推进供给侧结构性改革的内在要求，对推动大众创业万众创新、推进制造强国建设、推动经济高质量发展具有重要意义。

为了加强职业技能培训，《国务院关于推行终身职业技能培训制度的意见》（国发〔2018〕11号）、《人力资源社会保障部　教育部　发展改革委　财政部关于印发“十四五”职业技能培训规划的通知》（人社部发〔2021〕102号）提出，要完善多元化评价方式，促进评价结果有机衔接，健全以职业资格评价、职业技能等级认定和专项职业能力考核等为主要内容的技能人才评价制度；要鼓励地方紧密结合乡村振兴、特色产业和非物质文化遗产传承项目等，组织开发专项职业能力考核项目。

专项职业能力是可就业的最小技能单元，劳动者经过培训掌握了专项职业能力后，意味着可以胜任相应岗位的工作。专项职业能力考核是对劳动者是否掌握专项职业能力所做出的客观评价，通过考核的人员可获得专项职业能力证书。

为配合专项职业能力考核工作，人力资源社会保障部教材办公室组织有关方面的专家编写了这套专项职业能力考核培训教材。该套教材严格按照专项职业能力考核规范编写，教材内容充分反映了专项职业能力考核规范中的核心知识点与技能点，较好地体现了适用性、先进性与前瞻性。教材编写过程中，我们还专门聘请了相关行业和考核培训方面的专家参与教材的编审工作，保证了教材内容的科学性及与考核规范、题库的紧密衔接。

专项职业能力考核培训教材突出了适应职业技能培训的特色，不但有助于读者通过考核，而且有助于读者真正掌握专项职业能力的知识与技能。

本教材在编写过程中得到上海市职业技能鉴定中心、上海市餐饮烹饪行业协会等单位的大力支持与协助，在此一并表示衷心感谢。

教材编写是一项探索性工作，由于时间紧迫，不足之处在所难免，欢迎各使用单位及个人对教材提出宝贵意见和建议，以便教材修订时补充更正。

人力资源社会保障部教材办公室

目 录

项目 1 盘饰制作

学习导入

糖艺盘饰

拉丝糖片创意盘饰

花卉盘饰

插花形盘饰

蔬菜盘饰

锦绣鲜蔬盘饰

水果盘饰

芬芳鲜果盘饰

米面盘饰

缤纷扇形盘饰

学习单元1

盘饰基本知识

学习目标

1. 掌握盘饰的概念
2. 了解盘饰的发展和地位
3. 熟悉盘饰的分类和特点
4. 掌握盘饰的方法
5. 熟悉盘饰要求与应用原则
6. 了解盘饰的作用

“民以食为天”，饮食在人们日常生活中占据着很重要的位置。随着生活水平不断提高，人们在饮食上也日益追求高质量、高品位。对于餐桌上的菜肴，人们除了追求菜肴本身的色、香、味、形俱全，还讲究起菜肴的“器”和“饰”。精致的器皿和别致高雅的盘饰既能提升菜肴的质量和品位，又能烘托宴席的气氛，增进宾客的食趣和食欲。

好的盘饰能够起到美化菜肴、提升菜肴品位，吸引眼球、增强食欲，营造情趣、烘托就餐气氛的作用。一道美味的菜肴若有精美盘饰进行点缀衬托，其艺术水平将得到极大提升。可以说，盘饰是饕餮美食中不可或缺的部分。

一、盘饰的概念

盘饰是运用各种瓜果蔬菜原料或其他可食用的烹饪原料对制作好的装盘菜点进行围边、点缀等，达到美化菜肴目的的一种简易装饰。盘饰是美化菜肴常用的方式之一，典型的做法是将新鲜干净的蔬菜、水果等原料雕切成一定的形状，摆在菜肴的周围、中间或一边，通过简洁明快的线条、和谐的色彩搭配和生动的艺术构图对菜肴进行装饰，增强菜肴的视觉美感，使菜肴成为既可吃又可赏的艺术品。盘饰是烹饪技术与艺术的结合，是一种实用性、观赏性很强的艺术创作。

二、盘饰的发展

1. 古代

盘饰早在中国古代就已崭露头角，被应用于宫廷和王府的菜肴制作中。早期的盘饰比较简单，并不讲究盘饰和菜肴本身的搭配。随着烹饪文化的发展，盘饰得以逐渐从宫廷和王府流传到了民间，制作工艺也不断完善。

2. 近代

19 世纪 80 年代初期，我国餐饮中开始应用盘饰技术，当时就是在菜肴旁边摆一朵用萝卜雕刻的月季花、牡丹花，或用黄瓜制作的喇叭花、佛手花，或几片香菜叶、芹菜叶等，流行范围很小，只在少数饭店里使用。

3. 当代

20 世纪 90 年代初，港、粤、沪地区首先流行起了新盘饰技术，这种新盘饰技术简单、好学，几乎不用雕刻，只要将几片黄瓜片、胡萝卜片、柠檬片等按一定的样式摆在盘边，就能使菜肴变得赏心悦目，因此迅速在全国各地流行开来。

我国改革开放以来，酒店行业兴起。1990 年开始，酒店会将胡萝卜简单削成四角花或用模具将其扣压成梅花形、小动物形等对菜肴进行装饰，这是当时最简便、最节省原料的一种盘饰。

1992 年以后，月季花、荷花和其他花卉品种雕刻开始流行，小型简易整雕作品也开始应用在菜肴装饰中。

1995 年前后，进口水果渐渐多起来，丰富了瓜果种类。餐饮业开始流行用各种瓜果雕切的盘饰，包括将橙子、黄瓜等切成薄片沿盘子周围进行装饰，这种盘饰成本略高，制作时也较费时间。

2000—2004 年，流行用南瓜、胡萝卜、白萝卜等雕刻各种花鸟、鱼虫、龙凤等对菜肴进行装饰，全国食品雕刻开始兴起，促使食品雕刻作品走向多元化。

2005 年以后，盘饰又将兽类雕刻、人物雕刻运用到盘饰中，更加提高了食品雕刻的技术含量。

2007 年以后，我国一些酒店开始采用鲜花点缀菜肴，主要采用小型鲜花对盘边进行装饰。

2008 年前后，糖艺和果酱开始运用到盘饰中。糖艺盘饰主要是通过各种造型方法将各类糖制作成花卉或几何形状（如 S 形、方形、三角形等）对菜肴进行装饰。果酱盘饰主要采用各种颜色的果酱对菜肴进行装饰。

2010 年，餐饮业开始流行巧克力围边，即用各种巧克力制作成各种插件对菜肴进行装饰。

2011 年，餐饮业开始流行多元化围边，即采用各种可用的食材对菜肴进行装饰。

盘饰近几年来仍在不断发生变革，对传统有继承、发扬也有摒弃。明显落后于时代要求，或不够环保卫生，或浪费食材，或风格陈旧的盘饰渐渐被淘汰。

三、盘饰的地位

盘饰是中国烹饪技艺的重要组成部分，它促使中国烹饪由纯技术领域上升为艺术与技术相融合的新领域。

在菜肴中，盘饰所占的比例不大，处于辅助地位，但一个制作精良、寓意深刻的盘饰往往有画龙点睛的作用。即使是家常菜肴，只要装饰得当，也能整体提升菜肴的视觉美感，起到锦上添花的作用。例如，“虎皮扣肉”装盘时，在盘边配上碧绿的菜心，组成兰花图案，整个菜肴的色彩、造型就会显得清新悦目；“清炒虾仁”放在白色、没有装饰的盘中会显得单调，如果将黄瓜、胡萝卜切成片整齐地围排在虾仁四周，整个菜肴就会变得鲜艳、诱人。

但需要注意的是，盘饰是菜肴的一种装饰形式，菜肴本身的食用性和口味才是主要内容。如果只重视盘饰雕刻或拼装的技艺，而忽视了菜肴本身的营养价值和口味，则是本末倒置。盘饰切不可喧宾夺主或过分追求精致，导致菜肴本身主次不分，失去原有的质地，或造成餐饮经营成本、顾客消费成本过高。

四、盘饰的分类

1. 按用途分类

（1）食用性盘饰。食用性盘饰就是将烹饪原料（多为动物性原料）加工成若干个大小均匀、形状美观的饼、条、卷、段等，用蒸、炸、煎、烧等方法加热成熟后将其围或摆在盘边的一种盘饰。这种盘饰其实是菜肴的一部分，具有食用和装饰两种功能，属于造型菜的一种形式，是现在使用得较多的一种盘饰。

（2）装饰性盘饰。装饰性盘饰就是将蔬菜、水果等原料雕切成一定形状后围摆在菜肴的周围或一侧，只起装饰作用，不作食用的盘饰。装饰性盘饰可简单地分为平面式盘饰、立体式盘饰、容器式盘饰三类。

1）平面式盘饰。将黄瓜、胡萝卜、番茄、柠檬等切成半圆形或其他形状的薄片，在盘边摆成平面图案，以此来装饰美化菜肴的盘饰称为平面式盘饰。这种盘饰的优点是简单、方便、省料、易学，不需要雕刻技法，因此使用频率非常高。而这种盘饰的缺点是品种单一，变化较少，对刀工要求较高（原料必须切得薄厚一致、大小均匀），且拼摆比较费时间。平面式盘饰适合大众化的菜肴品种。图 1-1 所示为用粽叶和食物性花卉制作的平面式盘饰。

图 1-1　平面式盘饰

2）立体式盘饰。立体式盘饰是用立体的雕刻作品来装饰和美化菜肴，有时也可将立体的盘饰同平面的盘饰结合在一起使用。立体式盘饰要求厨师必须具备一定的雕刻技术，否则难以完成这项工作。这种盘饰的优点是造型美观、品位高雅、变化多样、使用方便，虽然在雕刻时需要花费一定的时间，但雕刻好的作品放入盘中后有极高的欣赏价值。图 1-2 所示为立体式盘饰。

3）容器式盘饰。容器式盘饰如龙舟、凤舟、瓜盅等既可装饰菜肴又可作为器皿盛装菜肴。图 1-3 所示为用南瓜制作的容器式盘饰。那些体现食物原料的营养价值和本来风味的“原壳原味菜”与巧配外壳、渲染气氛的“配壳增味菜”使得中国菜肴的盘饰更加绚丽多彩而不拘一格。

图 1-2　立体式盘饰

图 1-3　容器式盘饰

相关链接

原壳装饰与配壳装饰

1. 原壳装饰

原壳装饰是指利用原壳盛装原味菜品的装饰，即将一些贝壳类和甲壳类的软体动物原料（如鲍鱼、赤贝、海螺、螃蟹等）经特殊加工烹制后，以其外壳作为造型盛器整体一起上桌。此类菜品即“原壳原味菜”，如图 1-4 所示。

图 1-4　原壳原味菜

原壳原味菜中较有代表性的首推山东名菜“扒原壳鲍鱼”，就是将扒好的鲍鱼盛回鲍鱼壳中，装入盘里。原壳内盛鲍鱼肉别致而新颖，颇受宾客欢迎。具体操作方法是，先将鲍鱼壳用碱水刷洗干净，再将鲜鲍鱼肉切片，加高汤、精盐、冬菇、火腿、绍酒等烧沸至熟后，捞出分别盛到壳内，再用汤汁加水淀粉勾芡，淋上鸡油后再浇淋在鲍鱼上。盘中垫上生菜丝，以稳住鲍鱼壳，食用时每人一壳，造型优雅，肉嫩、汤白、味鲜，富有营养。

江苏的厨师根据“原壳鲍鱼”之法创制了“老鲍怀珠”“鹬蚌相争”等新菜。“老鲍怀珠”就是将鲜嫩的鹌鹑蛋嵌入鲍鱼腹内，配上菜心，并以鲍壳盛之，取法自然，色彩缤纷，不仅造型独特，而且滑嫩爽口。“鹬蚌相争”就是将鸭舌插入鲍鱼中，制成鹬蚌相争之状似乎正等渔者擒而得之，渔者即举箸食客。此菜象形会意，趣味横生。

“原壳海螺”“雪花蜗牛斗”“清蒸原壳鲜贝”“蒜茸青口贝”“蒜茸蒸生蚝”“豉汁蒸生蚝”等都是同类菜。

江苏名馔“雪花蟹斗”与“软煎蟹盒”是蟹壳装蟹肉的典型品种。“雪花蟹斗”以洗净的蟹壳为容器（称斗），内放主料蟹粉，上盖由蛋清打发的细腻泡沫状蛋糊盖面，色白如雪，蟹油四溢，蟹粉鲜肥，再加上火腿末等配料的点缀，鲜艳悦目，色、香、味、形、器俱全。“软煎蟹盒”取大小均匀的蟹壳放入沸水煮沸，捞出晾干后，用油涂抹蟹内壳，将炒制的蟹粉放入蟹壳中，另将蛋黄糊均匀地涂在蟹粉上，壳背朝上放入浅油锅中，中火煎炸到蛋黄糊凝结形成软壳，起锅排入锅中，配上香菜、姜丝、香醋佐食。此菜色泽金黄透红，蟹肉鲜嫩香醇，别是一番风味。

2. 配壳装饰

配壳装饰是指利用经加工制成的特殊外壳（如配形的橘子、橙子外皮，苦瓜、黄瓜制的外壳，菠萝外壳，椰子壳，竹节筒，用苹果、雪梨、番茄制成的盅，用春卷皮、油酥皮、土豆丝、粉丝、面条制成的盅、巢，用冬瓜、西瓜、南瓜等制成的盅等）盛装各色炒、煎、炸、煮制菜肴。此类菜品即“配壳配味菜”。用这些不同风格的外壳物料装配和美化菜肴，可为一些普通的菜品增色，达到出奇制胜的效果。

（1）橙、橘作盅。早在宋代就出现的菜肴“蟹酿橙”就是将蟹肉、蟹黄等酿入掏去瓤的橙子中，以橙子皮作为菜肴的配器，其色之雅、形之美使人耳目一新。此菜在我国古代产生了一定的影响。近年来，广大厨师参考“蟹酿橙”的做法创制了“橘篮虾仁”“橘盅鲜贝”等菜，即将炒制的虾仁、鲜贝等直接装入橘皮中，食用时每人一篮、一盅，食之鲜爽可口，特色、风味独特。

（2）土豆丝、粉丝、面条作巢。用土豆丝、粉丝、面条等制成大小不同的巢，将成菜装入巢中，再将其置放于菜盘中。大巢可一盘一巢，供多人食用；小巢可每人一巢，一盘多巢。大巢可装入条形、大片类的炒菜，如炒鳜鱼条、炒花枝片等；小巢可盛放小件炒菜，如虾仁、鲜贝等。若用面条作巢，须将其煮熟后整齐有序地编排成一定的形状，炸制成熟后再盛装菜肴。

（3）冬瓜、南瓜、西瓜作汤盅。取用冬瓜、南瓜、西瓜外壳可制成冬瓜盅、南瓜盅、西瓜盅盘饰，此“盅”实为装汤、羹的特色深盘只当盛器，不作菜肴。瓜的表皮可以雕刻成各种图形，或花卉，或山水，或动物，可配合宴席内容做各种变化。瓜盅内可盛入多种原料，可汤肴、可甜羹、可整菜，多味渗透，滑嫩清香，汁鲜味美，多为夏季创新时令菜。图 1-5 所示菜肴就使用了瓜盅。

图 1-5　配壳装饰中的瓜盅

用食品外壳装饰菜品，可为普通菜肴增添新意，化平庸为神奇，是菜肴创新的一个重要思路。

2. 按表现形式分

（1）包围式盘饰。包围式盘饰是指以菜肴为主，将装饰点缀物沿盘边排放的盘饰。围成的形状一般是几何图形，如圆形、三角形、菱形等。包围式盘饰适合装饰单一口味的菜肴，一般适用于滑炒类菜肴。

（2）分隔式盘饰。分隔式盘饰是指装饰点缀物将菜肴分隔成两个或两个以上区域的一种盘饰。分隔式盘饰适用于具有两个或两个以上口味的菜肴，一般采用中间隔断式或将圆盘三等分的式样，适用于煎炸类、滑炒类等菜肴。

（3）中央式盘饰。中央式盘饰是指装饰点缀物放置在盘子的中央，菜肴呈放射形排放的盘饰。运用这种盘饰的菜肴一般呈中心对称排列。中央式盘饰适合装饰单个成形的菜肴，一般适用于蒸制菜肴和炸制菜肴。

（4）边角式盘饰。边角式盘饰是指以菜肴为主体，在盘子的一角装饰点缀的盘饰。边角式盘饰适用的菜肴类型范围比较广泛，对菜肴的造型限制较少。

（5）象形式盘饰。象形式盘饰是指运用各种刀具和特殊的操作手法将原料制作成象形图案的盘饰。象形式盘饰可分为平面象形式盘饰和立体象形式盘饰。

1）平面象形式盘饰。平面象形式盘饰指用排放、拼装等手法将盘饰原料制作成各种平面、象形的图案，如兔形、公鸡形等。此种盘饰适用于滑炒类等菜肴。

2）立体象形式盘饰。立体象形式盘饰指用雕刻、排放、拼装等手法将盘饰原料制作成各种立体、象形的图案，如鸟、龙等。此种盘饰适宜的菜肴类型较为广泛。

3. 按流派分类

盘饰根据流派分为中式盘饰（主要包括果蔬雕刻盘饰、果蔬切配盘饰、鲜花盘饰、果酱盘饰等）和西式盘饰（包括用巧克力插件、奶油、糖艺等进行盘饰）。

■ 从饮食传统角度来看，盘饰在中餐中使用较多，材料一般局限于常用的果蔬，其变化创新比较有限。现代盘饰创作大胆结合了西餐的抽象艺术造型、中点的像生面塑、西点的巧克力线条变化，中西结合使现代盘饰更有新意，更具多样性、灵活性，适用范围更广。

五、盘饰的特点

一般认为盘饰具有以下特点。

1. 取料广泛，费用低廉

盘饰原料一般是应时果蔬（如黄瓜、番茄、萝卜、橙子、菠萝、苹果、辣椒等）及花卉等，取料范围广。盘饰用料量不多，还可“因料制宜”，充分利用边角料，如黄瓜头、芹菜叶、西瓜皮、冬瓜皮等，将这些原料利用起来，雕切成一定形状用于装饰菜肴，一举两得。因此，盘饰费用也不高。

2. 工艺简单，制作简便

盘饰制作技艺简单易学，只要有兴趣，稍花一些时间，就能将果蔬制作成可欣赏的装饰品。

3. 用途广泛，实用性强

根据宴席的实际需要，盘饰可放置在盛装菜肴的盘边，也可预先精心制作，在空盘上拼摆成高档、中档、低档的装饰品，以满足各种宴席和各个消费层次的需求。

六、盘饰的方法

1. 围边

通常将装饰料围在主菜四周的盘饰形式称为围边。围边能够突出重点菜肴。有些菜肴成本较高，如虾仁、海参等，对这些菜肴进行围边装饰会使顾客觉得此类非同一般，非常重要。通常有用颜色比较鲜艳的水果、蔬菜等作围边材料，也有用炸菜、酿菜及点心作围边材料的。有的围边采用单料围，有的围边采用多料配色围。

围边一般有全围和散围两种方式。

（1）全围。全围可构成多种不同的几何形，如正方形、长方形、圆形、椭圆形、三角形等；也可构成具体形象，如折扇形、灯笼形等。

（2）散围。散围通常要求对称排列，有五方对称、四面对称、三位对称、两侧对称等，使盛器中间形成“虚”的几何形。

围边的作用在于打破盛器本身构形的单调，使菜肴构形生动活泼，富于变化。围边切忌喧宾夺主，其色彩应和谐素雅，与菜肴的颜色形成鲜明对比，并突出菜肴的颜色，同时还要考虑围边色彩与盛器色彩的协调，以求得围边、菜肴及盛器三者的统一融合之美。

相关链接

象形围边

象形围边是以大自然物象或器物为刻画对象，用简洁的艺术手法提炼出艺术形象的围边方式。这种方式能把零碎散乱而没有秩序的菜肴统一起来，使其整体变得统一美观，常用于丁、丝、末等小型原料制作的菜肴。例如，制作“宫灯鱼米”时，可用蛋皮丝、胡萝卜、黄瓜等原料制成宫灯外形，将炒熟的鱼米盛放在其中。象形围边所用的物象有：动物类，如孔雀、蝴蝶等；植物类，如树叶、寿桃等；器物类，如花篮、宫灯、扇子等。

2. 点缀

通常在菜肴之上、盛器边缘或盛器内的空白处放置一些装饰物，以对菜肴的形和色做进一步修饰，或构成菜肴的具体形象的盘饰形式称为点缀。

点缀的手法主要有以下几种。

（1）局部点缀。局部点缀是指将各种蔬菜、水果加工成一定形状后，点缀在盘中，以渲染气氛、烘托菜肴。图 1-6 所示菜肴就使用了局部点缀的方法。这种点缀方法的特点是简洁、明快、易做，如在菜肴盛装后，用一两种色彩鲜艳的饰物进行无规则点缀；或将水果、黄瓜等切片排叠成假山状；或用果酱挤出线条或图案等。局部点缀多用于菜肴形态一般、色彩不尽完美的情况下，很强调形的配合和色的对比。其形式活泼，不拘一格，在菜肴之上、盛器边缘及盛器内的空白处均可进行。此法虽无规律可循，但必须有美化作用。

图 1-6　局部点缀

（2）对称点缀。对称点缀是指用装饰料在盘中做出相对称的点缀。对称点缀适用于装饰用规则餐盘盛装的菜肴，其特点是对称、协调，简单而易掌握，一般在盘子两端做出同样大小、同样色泽的花形即可。对称点缀是在单一中求变化的一种点缀方法。先假设盛器中有一条中心线（或一个中心点），然后在其上、下、左、右用同一装饰物进行对称放置，可以点缀在盛器边缘或其上面的围边饰物上，也可点缀在菜肴之上。恰当的对称点缀能给人以稳中有变的美感。图 1-7 所示为对称点缀。

图 1-7　对称点缀

（3）排列点缀。排列点缀主要是指在菜肴之上以点和线的形式整齐排列装饰物的点缀方法。图 1-8 所示菜肴就使用了排列点缀的方法。排列点缀很讲究节奏与韵律，同时又注重有条不紊地往返重复，如大海的波涛和小河的水纹一般。此法多用于美化菜肴，也可用于构成菜肴形象，如“葵花豆腐”等。

图 1-8　排列点缀

（4）构形点缀。构形点缀是指在盛器内菜肴旁边的空白处，用与菜肴形态和色彩相称的饰料点缀，以形成完整的菜肴形象的装饰方法，多用于工艺热菜的造型，如用蔬菜给“茄汁葡萄鱼”装上“枝叶”及“藤条”。这类菜肴一经点缀便形成了一幅完整的画面。如果在菜肴完整形象的某个关键部位（如鱼的眼睛、花的蕊、龙的须等）进行点缀，就会产生画龙点睛的效果，使整个画面活起来，此法常称为镶嵌。图 1-9 所示菜肴就使用了构形点缀的方法。

图 1-9　构形点缀

（5）中心点缀。中心点缀是指在盘子中心用装饰料拼成花卉或其他形状，对菜肴进行装饰。中心点缀能通过在盘中有计划地堆放装饰料把散乱的菜肴统一起来，使其变得美观。图 1-10 所示菜肴就使用了中心点缀的方法。

图 1-10　中心点缀

（6）全围点缀。全围点缀即全围，是指将原料通过一定的方法加工成形，围在菜肴的四周。这种点缀方法较适用于圆盘的装饰，刀工要求较严格，围出的菜肴比用其他点缀方法装饰的菜肴更整齐、美观。图 1-11 所示菜肴就使用了全围点缀的方法。

图 1-11　全围点缀

（7）半围点缀。半围点缀是指运用点缀物进行不对称点缀围边，点缀物约占盘子的 1/3，主要是用某种主题和意境来美化菜肴。图 1-12 所示菜肴就使用了半围点缀的方法。

图 1-12　半围点缀

具体点缀方法可根据成菜的形态进行选择。例如，碎形原料或条、块、片等形状的原料可以采用全围点缀，而整形原料如鸡、鱼、鸭，或咸鸡腿、大虾等则可以采用中心点缀、对称点缀、半围点缀。

■ 从表面形式上看，盘饰的构图方法也可分为器缘装饰、菜上装饰两种。器缘装饰就是将装饰料摆于盛器边缘上来美化菜肴，菜上装饰就是将装饰料置于原料之上来美化菜肴。

七、盘饰要求

菜肴以食用作为第一目的，离开食用性，装饰再好看的菜肴也脱离其本质，因此对盘饰有如下要求。

1. 以菜为本，顺其自然。盘饰要与菜肴及盛器相协调，不可有过重的雕琢痕迹，更不可影响菜肴的食用性。

2. 快速简捷，力求实用。盘饰制作要快速简捷。费工费时的盘饰艺术性再高，也不实用。

3. 讲究卫生，生熟分离。装饰时一般不要使生料与做好的菜肴相接触，以免影响卫生。

八、盘饰应用原则

1. 根据菜肴品种进行装饰

例如，汤菜一般选择能浮于水面上的点缀物，蒸菜、炒菜则可因菜而异，可加丝状装饰料点缀。

2. 根据菜肴味道进行装饰

对于以食用为主的盘饰，一定要考虑其口味与菜肴之间的关系，避免串味。一般甜菜宜选用水果或甜味装饰物相映衬，煎炸菜宜配爽口原料，咸鲜味菜宜配咸鲜味装饰物，麻辣味菜宜用味淡的装饰物。总之，要以不影响菜肴的原有风味为准。

3. 根据宴席的规格和档次进行装饰

规格和档次高的用较好的和有一定寓意的盘饰作品，档次和规格低的用简易或小型的普通原料进行盘饰，一般的宴席可不用盘饰。

4. 根据菜肴形、色进行装饰

在菜肴装盘后，若其在形、色上已经有比较完美的整体效果，就不应再用过多的盘饰，否则会有画蛇添足之感。若菜肴在装盘后的形、色尚有不足，需要围边或点缀装饰，就应考虑选用何种形、色的原料。

（1）根据菜肴形态进行装饰。因用料、刀工、烹调方法不同，菜肴成品有茸、末、丝、丁、片、块、整形等不同的形状。如果是用茸、末、丝等料形烹制的菜肴，可用围边进行装饰，或采用容器式盘饰，这样可使菜肴变得整齐；如果是造型菜肴，可在盘子中心或边缘适当点缀，对于外形已经非常完整漂亮的造型菜肴（如松鼠鱼、骨香鱼等），可不要盘饰；如果是整形烹制的菜肴，就宜用局部点缀的方法进行装饰。

（2）根据菜肴色彩进行装饰。综合菜肴、盛器的颜色进行盘饰色彩搭配。

5. 根据顾客的情况进行装饰

应根据顾客的年龄、性格、爱好等进行装饰。对于年龄大的顾客，可以采用寓意长寿、祝福的盘饰；对于年龄小的顾客，则可以采用色彩热烈、明快的盘饰。如是外来顾客，应考虑用本地的特色原料做盘饰，体现地方风味。另外应注意不要用顾客不喜欢或忌讳的原料等装饰菜肴。

九、盘饰的作用

1. 增加菜肴的观赏性

中国烹饪历来讲究色、香、味、形、质、意俱全，不仅注重菜肴的营养、味道、质感等，还重视菜品的造型、色彩、意境等。盘饰是菜肴艺术的体现，往往能够带给人美的享受。

菜肴的形态形成于器皿之中，无论是高档菜肴还是普通菜肴，热菜还是冷菜，往往有一种呆板之感。这有时是原料本身的形态造成的，有时是布局不当或其他原因所致。而适当的盘饰能把全盘菜肴带活，使之富有动感和艺术性，在给人以美味的同时，又给人以精神上的享受。例如，把“醋熘鱼片”与“清蒸鱼”合装一盘，可拼成“一帆风顺”的造型；再如，在“白酥里脊”上点缀绿色的菜叶、黑色的香菇，可制成“葵花里脊”。这些菜肴造型优美，令人心旷神怡，食之又津津有味。

■ 菜肴形态有时会给人一种头重脚轻的不舒适感，这种感觉多出现在鱼类菜肴中。由于鱼本身形状具有一定的特征，特别是整鱼烹制时，菜肴形态受其所限，而适当的盘饰可以使其趋于平衡，给人以平衡的美感。

2. 增进顾客的食欲

盘饰制作不仅要把菜肴的美味融于其艺术形态中，而且要通过盘饰造型来增强其味觉效果。形、色可以产生通感，令人产生意识上的滋味感，这就是食物形态、色彩与味道相结合的体现。制作精美的盘饰使菜肴的形、色更完美，弥补了菜肴在形状、色彩方面的不足，能增添情趣，增进食欲。

3. 增添菜肴的趣味

盘饰可以围绕宴席主题进行适当创新是宴席的重要点缀，能凸显宴席的文化内涵，提高宴席品位。例如，在长辈的生日宴上以中国神话中可使人延年益寿的桃子作为创作原型，如图 1-13 所示，包含了长寿健康的美好寓意和祝福；在一些比较喜庆的宴会中增加象形食雕，如食品雕刻的龙、凤等，寓意“龙凤呈祥”，增加了喜庆、祥和的气氛。

图 1-13 寿桃盘饰

除此之外，装盘时配上几个小菜心，盘边用果酱画上几条线条（见图 1-14），都能增添整体菜肴的趣味。

图 1-14 果酱线条装饰

4. 丰富食物的口味和营养

对于一桌宴席来说，菜肴若盛装过多，不仅口味单调，而且吃不完易造成浪费。如果把两个菜拼装在一起，数量相对减少，而菜肴的用料则相对增加，这既增进了人们的食欲，又丰富了菜肴的口味，如“金鱼戏莲”“凤翅海参”等。

原料单一的菜肴在营养上有所欠缺，通过拼配技术，把若干菜肴拼合在一起，菜肴在营养上得到相互补充。例如，在“清炒虾仁”的四周围一圈碧绿的菜心，就比单一的清炒虾仁有营养；将几种卤水原料拼配在一起，可以使顾客食用更多的冷菜。

5. 提升菜肴的价值

菜肴是当下经济社会中的重要商品，其不仅具有食用价值，还具有一定的审美价值，这些都奠定了菜肴的经济价值。造型和装饰是为菜肴赋予更高价值的重要方式。通常情况下，对于同样口味的菜肴，具有一定造型、进行盘饰装点、特色鲜明的菜肴更受消费者肯定，有利于提升经济效益。

6. 提高菜肴的档次

完美的商品需要有好的包装设计，即所谓的“货卖一张皮”。对于菜品而言，盘饰就是一种包装，能美化菜品，提升菜肴档次。

学习单元 2

盘饰构思、构图与造型

学习目标

1. 了解构思的方法
2. 了解构图与造型的概念
3. 了解盘饰美学与工艺美感
4. 掌握盘饰构图与造型技巧
5. 掌握盘饰盛器选择方法
6. 掌握盘饰色彩搭配技巧

盘饰与普通冷盘相比较，除了增加艺术性外，还具有一定的意境，不仅要求制作者有娴熟的刀工技法，而且要求制作者具备一定的艺术素养。因此，盘饰制作者平时要多看勤练，学习绘画技术，研究他人作品。要想制作出极具艺术价值的盘饰作品，就必须做好构思、构图与造型设计。

一、构思

在进行菜肴盘饰制作之前，要进行严密的构思。构思是菜肴盘饰构图造型的基础，必须考虑内容与形式的统一，可以取材于现实生活，也可以根据某些意象，做到尽情地表达内心的思想感情与意境。

1. 根据宴席主题构思

不同的宴席有不同的主题，厨师应根据不同的宴席主题做出不同的构思。例如，婚宴可设计“鸳鸯戏水”“比翼双飞”“龙凤呈祥”之类的主题，表达夫妻恩爱的中心思想，以突出喜庆的气氛；迎宾宴席可设计“喜鹊迎宾”“孔雀开屏”之类的主题，以示和善与友谊；祝寿宴席可设计“松鹤延年”“古树参天”之类的主题，以祝福健康长寿。

2. 根据人力和时间构思

盘饰制作难度较大，技术要求高，制作时间长。因此，在盘饰构思时，应从实际出发，对于重大的盘饰任务，既要考虑到艺术性，也要考虑到人力、时间、技术等制约因素。在技术力量较强、时间允许的情况下，可设计较为复杂的盘饰；反之，则应从简，不能影响宴席正常进行。

3. 根据顾客特征构思

若顾客是少数民族或外宾，就要考虑顾客的忌讳和特殊要求，根据顾客的爱好、习惯、民族特征等，突出重点，避其忌食等进行构思。另外，由于年龄结构差异，菜品要求也有所不同，在构思时应注意满足各年龄层次人员对口味、质感的要求，投其所好。

二、构图

在主题确定之后，就要考虑如何构图。构图就是设计图案，它主要解决盘饰的形体、结构、层次等问题，以便在盘中按图“施工”。盘饰的装盘工艺是造型艺术的实践。受原料性质等的影响，盘饰在造型方面有很大的约束性，因此其构图不同于一般的绘画，有其特有的个性。盘饰制作者要恰当运用图案的造型规律、图案的色彩规律和图案形式美的制作原理，将主题在盛器中完美表现出来，使菜肴造型获得满意的艺术效果。

三、造型

1. 造型的起源

人类造型艺术起源于原始社会的旧石器时代，表现在石制原始工具的创造和洞穴壁画上。人类最早的艺术行为就是在日常使用的石器上雕刻飞禽走兽的图案，这也是人类最早的装饰行为，是人类造型艺术的起源。国内、外发现的洞穴岩壁上的绘画和一些原始雕刻的考古显示了很多这方面的证据。从人类原始社会时期开始，造型艺术伴随着人类的文明演进，从简单的上古岩画逐渐地丰富和发展，涵盖了现代绘画、雕塑、摄影、建筑、工艺美术等领域。

2. 造型的概念

在日常生活中，小到一只蚂蚁，大到摩天大楼，都有其基本的形态（多为三维立体形态）和组成。通过对各种物体的研究，人类更好地认识了物体的形体组成，掌握了造型的基本规律，从而为创造新的形体提供了有力的帮助。

造型是现代设计必备的基础训练，同时也是创造形体的科学方法。它既有感性的直觉印象，又有严谨科学的理性分析。造型学习可以提高盘饰制作者的创造能力，帮助其掌握观察立体、表现立体、创造立体的方法，培养造型创新意识，从而熟练运用各种材质创造出富有美感和实用功效的盘饰作品。在我国，基础造型表现在民间的书法和绘画以及生活中的工具、装饰品制作等方面。在西方国家，基础造型表现在绘画、雕塑等艺术作品中。

3. 基础造型训练

素描是基本的基础造型训练内容。广义上的素描是指一切单色的绘画，狭义上的素描专指用于学习美术技巧、探索造型规律、培养专业习惯的绘画训练过程。素描被称为“造型艺术的基础”。

（1）素描工具。素描使用炭笔、铅笔、钢笔等，以线条来画出物象明暗。

（2）素描分类。现代素描分为全因素素描和结构素描，前者是用明暗表现物象的一种方式，后者是用线条画出物体结构的一种方式。

素描学习可以提高盘饰制作者的观察能力、描绘能力和形象思维能力。素描是其他艺术的基础，对于厨师尤其是创作盘饰的高级厨师而言，素描是基本功之一。

4. 盘饰造型

盘饰造型主要通过研究原料的自然形态，利用刀工、拼摆、雕刻等不同方法，将盘饰加工为外观独特、造型美观的艺术品。总体而言，盘饰造型体现的是一种工艺之美，其能够将艺术元素渗透到菜肴造型中，以精湛的工艺、优美的形态吸引人的注意，让人获得良好的审美享受。盘饰造型综合了饮食活动与审美情趣两个方面。

盘饰作为一种艺术形式或者说一种跨界艺术，其设计与制作应借鉴其他一些艺术门类，如绘画（工笔画、写意画、装饰画、油画等），雕塑（石刻、泥塑、现代树脂塑、石膏像、模塑等），工艺美术（陶艺、青铜器、漆画、木雕、玉雕、牙雕、石雕、根雕等），建筑艺术（城墙、桥梁、寺塔、宫殿、亭台楼阁、现代建筑等），书法，手工艺品（纸花、绢花、草编等），插花，橱窗设计等，运用美学思想将这些艺术形式借鉴应用到盘饰设计与制作中，突破传统形式，创造新的境界。

四、盘饰美学与工艺美感

1. 盘饰美学

盘饰美学是指构成盘饰造型的一切形式因素（如色彩、形状、质地、结构、体积、空间等）按一定规律组合后所呈现出来的审美特性。研究并掌握盘饰造型各种形式因素的组合原则，对盘饰造型美具有重要的指导意义。

2. 工艺美感

盘饰制作成形通常分为手工成形、印模成形及机器成形三种方式。印模成形及机器成形虽能制作出标准形状的盘饰，但过于死板，缺乏灵性，而且可能会在一定程度上影响口感乃至味道。而厨师以自身灵巧的双手能制作出形状多样的盘饰，并能在制作过程中将味道放在第一位，将形态放在第二位，避免因追求美观而影响口感、味道。手工成形是最受广大消费者青睐的方式。

在我国烹饪领域，盘饰的工艺美感主要表现在造型上。自古以来，技艺高超的厨师们擅长用果蔬制作各种形态的花、鸟、鱼、兽等，让菜肴的艺术性和食用价值得到明显提升。

五、盘饰构图与造型技巧

1. 主与次

在盘饰中，有主题和主体之分。以花式冷拼为例，有时花式冷拼的主题就是此拼盘的主体，但有时花式冷拼的主体并不是此拼盘的主题。例如，“黄山日出”虽主题是日出，但拼摆的主体是松树。与主体相对应的是副体。如“一帆风顺”，主体是帆船，副体是海鸥；又如“椰林风光”，主体是椰林，副体是沙滩、小帆船、太阳等。优秀的花式冷拼作品要做到主体突出，副体与之呼应。

制作时，大部分的精力要放在主体上，做到拼摆精细、造型美观。主体摆放的位置既不能太偏也不能太正，太偏会使得构图失衡，而太正则会显得呆板。副体一般采用单薄的原料，简洁明快即可，起到烘托主体的作用。

2. 疏与密

盘饰设计不仅讲究排列交错，也讲究疏密有致。疏与密是相互依存的，没有疏就没有密，有疏有密才能打破平淡、呆板。例如，“旭日松云”的主体是松树，摆放松树的关键是排列好松针，要有疏有密、有松有紧，有些区域摆放得稀疏些，有些区域摆放得密实些，区域与区域之间既要分隔又要有联系。

3. 平行与交错

造型要注重空间感。平行排列能产生空间平衡感，交错排列能产生空间纵深感，可根据盘饰具体设计选择。

（1）平行排列。多数盘饰制作都采用平行排列的造型，特别是几何形、器物形盘饰。排列时，片与片之间要平行，色块与色块之间要平行。

（2）交错排列。有时盘饰需要交叉错落排列。如在表现山水画时，就要避免出现平行的线条和块面，避免等腰三角形（包括等边三角形）、平行构图，避免等距排列的现象。例如，在制作“竹乡风光”的过程中，应避免两根竹子相互平行或竹节等高，而应使两根竹子产生一定的角度，并且竹节高低相错，若出现平行状况，可另添加一根竹子打破平行构图，如图 1-15 所示。又如，“夏荷”的叶柄和花枝从“水”中或“藕节”中生长出来的时候，要交错并有粗细搭配，曲直自然，避免出现直线构图，如图 1-16 所示。

图 1-15　交错的竹子

图 1-16　交错的叶柄和花枝

4. 动与静

传统的盘饰拼摆手法多采用规则的平面图案，随着烹饪技术的发展，盘饰开始“立体”起来，原先静态的拼盘具有了动感。例如，在拼摆“金杯独揽”时扎上两根飞舞的飘带；“富贵平安”中，在花瓶上方放几只蝙蝠，既富动感，又有寓意；拼摆“琴思”时，在小提琴边上添几节乐谱，就仿佛美妙的音乐在耳边萦绕。

5. 藏与露

中国文化讲究含蓄，体现在艺术创作中就是给人以想象的余地，不能纤毫毕现、一览无余，因此要把握好藏与露的关系。例如，拼盘“松鹤延年”中，鹤的爪子如果摆放出来，就会增加制作难度和时间，一种解决方法是使鹤立在水中，即不表现爪子，在鹤腿边放两根细丝作水波，代表水面；拼盘“三潭印月”中，在盘边“垂”下几丝柳条，既能起到点缀、平衡的作用，又象征春天的到来。

例如，竹林中的竹笋破土而出时，露出地面的一小段与人们平时看到的“上尖、中大、下小”的冬笋、春笋有一定差异。在拼盘时，可以把笋整体表现出来，使其更逼真。盘饰“春”就运用了这种露的手法。

6. 对称与不对称

对称是盘饰造型求得重心稳定的基本方法。对称是以一个假想中心为基准，构成各对应部分的均等关系，是一种特殊的均衡形式。对称分为两种，即轴对称和中心对称。在制作小提琴“琴面”时，要做到两边大小对称、色块对称、片数对等，即轴对称。圆形的什锦冷拼力求色块对称、片数对等，即中心对称。在同一个拼盘中，可以有多个对称轴或对称点，如梅花拼盘、荷花拼盘。对称形式的盘饰造型会给人以整齐、和谐的感觉。

有时，在盘饰制作过程中会有意打破对称，制造不对称。例如，“江南水乡”中的竹在制作时就力求不对称，几段竹节的竹枝要上下分开、错落有致，两边的竹叶要有多有少，有厚有薄。不对称形式的盘饰造型会给人以自然飘逸的感觉。

7. 虚与实

虚指的是空白、空间，实是物质、实物。在设计工艺冷拼时，首先要考虑主体，而这一主体一般不放在正中，其前方要留有空白。就像给人物拍侧面的照片时，一般人像前空白多，人像后空白少。在设计时，要根据主体的性质和意境来决定留白的位置。例如，“船”要前方留有空间，“花”要上面留有空间，倒挂的“果实”要下面留有空间，“松”要远处留有空间。

民间画诀云：“只画鱼儿不画水，此中亦自有波涛。”有时，空白并不是没有东西，而是留下了丰富的想象空间。山水拼盘中，“山”与“山”之间的空白可作云亦可作水，放一叶扁舟即为水，飞一只雄鹰即为云。天空、云彩、大海、水波等，如果把它们拼摆出来，反而显得沉闷、压抑、杂乱无章。假若觉得空白太多，可在空白处加上“落款”或小饰品，使画面得以平衡。

在“实”方面，刚开始接触盘饰的人最常犯的错误就是装饰过度，盘饰用量过大，如酱汁淋得过多，围边过满等，抢眼有余，高雅不足。一般来说，盘饰用的食材最好也能提升这道菜肴的口味与香气，或清楚点明菜肴的关键原料。如果一盘鱼、肉的颜色太单调，需要绿色衬托，通常在边角摆一两株菜叶就够了，没有必要花团锦簇。

在菜肴制作的时候，应尽可能追求简洁明快，以自然的方式进行装饰，不可做得太过复杂或抽象。

8. 写实与写意

盘饰有写实与写意之分。前者是采用规则或不规则的线条与几何图形等，构成带有抽象性特征的造型。其作品不要求形似，只要展现出神韵和意境，做到形意相生即可。后者则要尽量模拟出自然界中各种客观真实的形态，精工细作，确保惟妙惟肖、栩栩如生。如“菊花盆景”就是采用写实方法，塑造出十分形象的成型面点后摆盘。花式冷拼一般主体写实，副体写意，且主体在构图中占比大，制作时要丰满而有层次，制作复杂且难度大，而副体在构图中占比小，制作时量少而单薄，制作简捷且难度小。需要注意的是，不可过于讲求写实，因为太逼真的制作通常需要花费大量时间和精力，不符合如今快节奏生活的需求。

除以上因素外，在具体构图中，还讲究轻重、意境等。构图不仅是烹饪美学的一种表现形式，也是一门有规律、讲艺术的科学，构图的好坏直接影响盘饰的欣赏价值。因此，构图是每一位烹饪工作者的必备技能，要在学习中实践、实践中学习，从而不断地提高和完善。

特别提示

假如需要直接在器皿内制作盘饰，则应当充分考虑好摆放的位置，严格遵循艺术表现原则，并给菜肴成品留出合适的放置空间，不可在制作完毕后再挪动，改变其原来的位置，否则便无法呈现浑然天成的艺术效果。

六、盘饰盛器选择

盛器应起到衬托菜肴、盘饰的作用。一般宜选用平底或浅底、单色或浅色、无花纹的盛器，否则不利于盘饰的色彩和造型。应选择符合构图要求的盛器，除考虑色彩外，还要考虑器皿的形状、大小。如果盘底太深，可加琼脂冻打底弥补。

1. 盛器的种类

盛器的种类有很多，从质地上可分为玻璃盛器、陶瓷盛器、金银盛器等，从大小上可分为单人食用盛器和多人食用盛器，从外形上可分为几何形盛器、象形盛器等。下面介绍几何形盛器和象形盛器。

（1）几何形盛器。此类盛器一般以圆形、椭圆形、多边形为主，装饰纹样多沿四周均匀、对称地排列，有一种特殊的线条美、节奏美和对称美。

（2）象形盛器。此类盛器如图 1-17 所示，是在模仿自然形象的基础上设计制作而成的，如模仿树叶设计而成的叶形盛器，模仿鱼类设计而成的鱼形盛器等。这些栩栩如生的盛器使宴席情趣盎然。

图 1-17　象形盛器

2. 盛器形状搭配

使用几何形盛器的盘饰要紧扣沿盛器边缘作环形图案这一显著特征，就是说，盘饰可以根据盛器的形状而设计，使菜肴、盘饰和盛器达到和谐。使用象形盛器的盘饰要充分利用象形图案的特点，在与盛器组配时达到形的统一。例如，鱼形盛器组配鱼形盘饰，这样可使盛器和盘饰完美统一。另外，在使用象形盛器时还必须注意整体美，防止片面追求局部美。

3. 盛器色泽搭配

菜肴盘饰一般选用单色盘。单色盘是指色彩单纯又无明显图饰的盛器，如白色盘、无色透明盘、米黄色盘、蓝色盘和黑亮的漆器盘。这类盛器颜色单一，可较好地衬托盘饰和菜肴。其中，白色盘是使用最多的一种盛器，具有清洁、雅致的美感特征，一般的菜肴盘饰都能与白色盛器相配。在选用非白色的盛器时，要注意盛器的颜色是否与盘饰原料的颜色冲突。例如，绿色的盛器不适宜排放较多绿色的盘饰，如黄瓜原料、西芹原料等制作的盘饰；红色的盛器不适宜排放较多红色、橘红色的盘饰，如胡萝卜、紫菜头等制作的盘饰。

七、盘饰色彩搭配

1. 色彩

英国科学家牛顿在日光－棱镜折射实验中明确了光与色的关系。当折射光映在白色屏幕上时就显现出彩虹一样以红、橙、黄、绿、青、蓝、紫顺序排列的色带，即产生了光谱色。人们以光谱色来判断和确定色彩。色彩源于光。当光线微弱时，如黄昏和黎明时，色彩也就弱，不容易辨别不同的色彩。当光线明亮时，如阳光下，色彩看起来就比原色更加强烈。色彩基础知识在本书项目 3 中有详细介绍。

2. 盘饰原料调色

要在盘饰制作中真正掌握色彩的规律，除了要熟知理论知识以外，还要在实践中掌握各种技巧。

对于某些装饰原料而言，其颜色不易改变，最好采用其原有的颜色进行拼摆。其他装饰原料可通过食用色素将其调为所需的色彩，操作较方便。调色时应注意遵循一定的美学规律，不可滥用色素。要确保色泽和谐，并以衬托菜肴为主要目标，不能喧宾夺主，遮掩菜肴本身的色泽美。

3. 盘饰色彩搭配方法

（1）冷、暖色搭配。盘饰原料颜色的选择应以菜肴色彩为依据，以菜肴主色调为主适当点缀和围边，使菜肴的色彩突出。如菜肴色彩为冷色，就用暖色原料装饰；如菜肴色彩为暖色，就用冷色原料装饰。

（2）“顺色”与“花色”搭配。盘饰通常使用的配色方法有两种：一种是“顺色”，即主料与盘饰都采用同一种色调；另一种是“花色”，即主料与盘饰采用不同的颜色相互搭配在一起，取得美观协调的效果，这样的配色方法较普遍。

冷拼配色方法通常以“花色”为主，在拼制过程中要掌握配色衬托间隔的原则。香肠与煮大虾摆在一起，都是红色，就不好看；糖醋排骨与松花蛋摆在一起，显得黑沉沉一片。如果将松花蛋、白斩鸡和煮大虾三者相间配在一起，黑、白、红互相衬托，就很好看。

（3）根据季节搭配。由于季节更替，温度变化，食客在味觉、心理上也随季节发生不同的变化。因此，盘饰原则上春、夏偏重于清淡，色调宜浅而柔和；秋冬偏重于浓厚，色调宜鲜艳，使食者食之有味。

学习单元 3

盘饰原料

学习目标

1. 掌握盘饰原料的种类

2. 掌握盘饰原料的选用与处理方法

一、盘饰原料的种类

1. 酱汁原料

酱汁为流质或半流质的混合物，可最后直接加入菜肴或在烹饪过程中加入。酱汁能使食物保持湿润，增加其香味，并改变其色泽和外观。酱汁可用作涂敷食品外表的材料，如奶油鸡的白酱汁。很多酱汁以奶油面粉糊为原料，入锅稍煮数分钟制成。酱汁有咸有甜，颜色丰富，分为奶油类酱汁、蔬菜类酱汁、果汁类酱汁等。土豆粉可用于酱汁增稠。酱汁可以用于盘饰点缀，也能丰富盘饰的口味，可淋在食物上，也可淋在盘子上。图 1-18 所示菜肴就运用了酱汁盘饰。

图 1-18 酱汁盘饰

2. 果酱原料

用水果、糖、酸度调节剂混合凝胶物质（胶体）制作果酱是长时间保存水果的一种方法，主要将其涂抹于面包或吐司上进行食用。不论草莓、蓝莓、葡萄、树莓等小型果实，还是李子、橙子、苹果、桃子等大型果实（切小），都可制成果酱。调制果酱通常同一时间只使用一种水果。普通果酱或特别果酱（如榴莲酱、菠萝酱）大多会使用胶体。果酱常使用的胶体包括果胶、豆胶及三仙胶。果酱盘饰主要是指以各种颜色的可食性果酱为原料，用裱花袋在盘子的边缘挤出各种写意花鸟鱼虫、卡通画、文字、抽象线条等的一种装饰形式。图 1-19 所示菜肴就运用了果酱盘饰。

图 1-19 果酱盘饰

果酱原料多用于西点的表面装饰，其装饰光亮效果明显，色泽自然。果酱易操作，酱体“挂壁”性强，口感细腻清新，果香纯正，诱人食欲。果酱口味有草莓味、柠檬味、香橙味、蓝莓味、哈密瓜味、黑加仑味等。

3. 水果原料

水果种类繁多，形态各异，色泽艳丽，含有丰富的水分及营养物质，部分水果含有较丰富的挥发性芳香物质。水果通常生吃，可独立于三餐食用。水果运用于盘饰制作，一般不经加热，只略加雕切装饰于盘子的中间或边缘，可与菜肴共食。果蔬切配盘饰、果蔬雕刻盘饰中可采用各种水果为原料，以切、划、雕、模具扣压等手法进行盘饰制作。常用水果原料有柠檬、西瓜、甜橙、菠萝、猕猴桃、红毛丹、橘子、火龙果、山竹、杧果、香蕉、红提、石榴、哈密瓜、龙眼、红苹果、绿苹果、杨桃、人参果、香瓜、木瓜、伊丽莎白瓜等。图 1-20 所示菜肴就运用了水果盘饰。

图 1-20　水果盘饰

4. 蔬菜原料

蔬菜原料通常是指新鲜的叶菜类蔬菜（如生菜、荷兰芹等），根茎类蔬菜（如芦笋、胡萝卜等），瓜果类蔬菜（如番茄、黄瓜、水果辣椒等），花菜类蔬菜（如西蓝花等）。在盘饰制作中，通过一定的刀工处理及熟处理，将加工好的蔬菜原料在盘中进行合理摆放，起到衬托点缀作用。常用蔬菜原料有胡萝卜、心里美萝卜、香菜、番茄、芹菜、尖辣椒、黄瓜、灯笼椒（红 / 绿 / 黄）、冬瓜、圣女果、西蓝花、洋葱、蒜薹、莲藕、毛豆、香芋、花生、南瓜、白萝卜等。图 1-21 所示菜肴就运用了蔬菜盘饰。

图 1-21　蔬菜盘饰

5. 食用花草原料

食用花草盘饰是采用各种可食用的小型花卉或叶、苗对盘边沿或者盘中间进行点缀的一种装饰形式，主要用作观赏，不具有太高的可食性。

食用花卉品种繁多，色泽鲜艳，香味浓郁。不同的食用花卉有不同的含义，如玫瑰花寓意爱情、友谊和勇气，菊花寓意高洁、清静和素雅，三色堇寓意快乐、思慕和期待等。食用花卉用于菜肴点缀，在增加菜肴造型美的同时，也赋予菜肴一定的含义，使菜肴的色、香、味、形、意完美统一。常用的食用花卉类原料有玫瑰花、菊花、三色堇、野山菊、桂花、槐花、扶桑花、荷花、黄花菜、茉莉花、石斛花、梨花、金银花、南瓜花、黄瓜花、山蒜花、琉璃苣、芝麻花、桃花、木槿花、杏花、旱金莲等。

常用的食用叶类原料有薄荷叶、罗勒叶、柠檬叶、百里香、牛至叶、鼠尾草、荷兰芹、莳萝、芹菜叶、旱金莲叶、薰衣草、黄花九轮草、海索草、马郁兰、红脉酸模、碰碰香、紫苏叶等。

常用的食用菜苗类原料有萝卜苗、香菜苗、芹菜苗、豌豆苗、玉米苗、甜菜苗、火红苗、香椿苗等。

图 1-22 所示菜肴就运用了食用花草盘饰。

图 1-22　食用花草盘饰

■ 食用花草的培养方式不同于园林观赏植物的培养方式，培养期间不喷农药，是以绿色环保方式栽培，故可食用。

6. 巧克力原料

巧克力最初来源于中美洲热带雨林中野生可可树的果实可可豆。1300 多年前，约克坦玛雅印第安人用焙炒过的可可豆做了一种饮料，称为 chocolate（巧克力）。早期的巧克力是一种油腻的饮料，因为炒过的可可豆中含有 50% 以上的油脂，人们开始把面粉和其他淀粉类物质加到饮料中来降低其油腻程度。现代巧克力由多种原料混合而成，但其风味主要取决于可可豆本身的滋味。可可豆中含有的可可碱和咖啡因形成巧克力独特的苦味，可可豆中的单宁质有淡淡的涩味，可可豆中的糖分自然发酵转化为酸（主要是乳酸和醋酸），可可脂能产生肥腴滑爽的口感。具备苦、涩、酸、滑特质的可可混合砂糖、乳粉、乳脂、麦芽、卵磷脂、香兰素等辅料，经过加工制成巧克力。巧克力不仅保留了可可独有的滋味，并且更加可口。

巧克力盘饰主要是以各种可食性巧克力插件或将巧克力融化后注入模具，制成各种抽象物件、花卉、动物、建筑、卡通形象等对餐盘进行的一种装饰，如图 1-23 所示。常用巧克力原料有黑色巧克力、棕色巧克力、白色巧克力等。

图 1-23　巧克力盘饰

巧克力以前多用在西餐、西点中。黑巧克力融化后可做成巧克力棒、巧克力碎、巧克力片等，点缀菜肴后能增添时尚气息。巧克力插件一般运用在西点的装饰中，利用巧克力的可塑性可制作出各种各样的插件，配合奶油裱花、果酱等便能起到很好的装饰作用。如今，巧克力原料也渐渐运用到中餐中。将巧克力插件运用在粤菜造型摆盘中也会使菜肴别有一番风味，如可将巧克力制作成树枝形状、动物形状，用其代替工序烦琐的面塑，既可以食用，也可以起到装饰作用，使整个造型摆盘有不一样的韵味。

7. 糖类原料

糖艺盘饰主要是指以各种简易造型（如花鸟、物件、球体、抽象线条、书法等）的糖艺作品对盘子进行的一种装饰，如图 1-24 所示。糖类原料常用的处理方式有拉糖、流糖、吹糖、流糖线等。

（1）拉糖。拉糖是将柔软的糖反复拉伸、折叠，使空气进入，呈现如丝绸般光泽的糖体。拉糖的材料是白砂糖、水、麦芽糖、酒石酸等，更简单的取材方式就是直接使用艾素糖。

（2）流糖。流糖是将熬好的糖倒入模具中冷却后形成的如玻璃般透明且闪耀钻石般光芒的糖体。糖体造型随模具变化，模具品种多样。最近的主流是用艾素糖来制作。

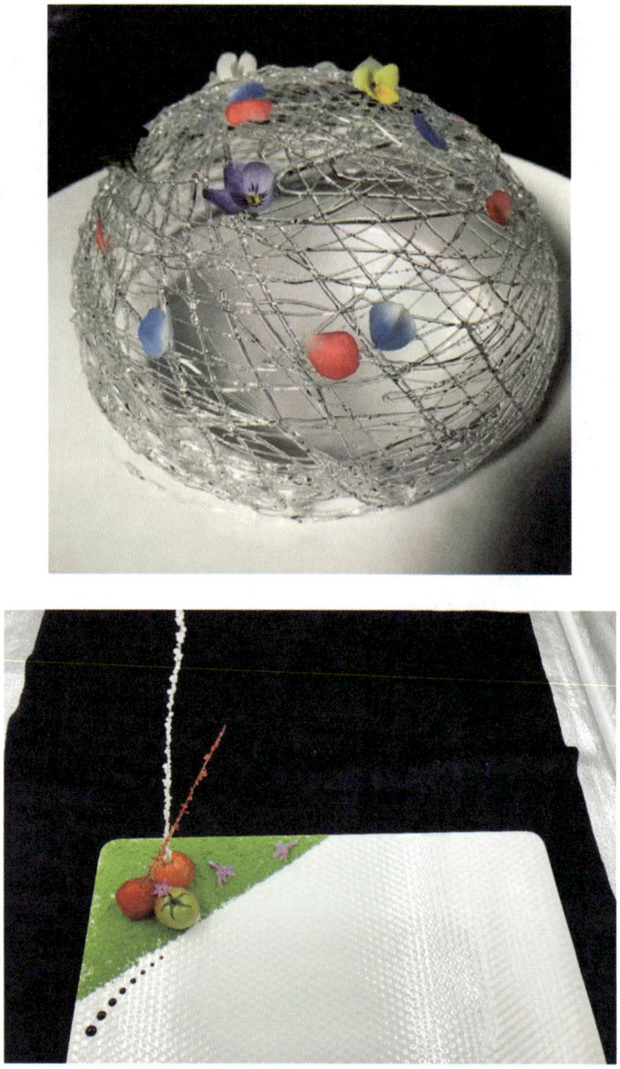

图 1-24 糖艺盘饰

（3）吹糖。利用气囊或口将空气吹入糖体内，使糖体获得延展或延伸即成吹糖。吹糖一般多用于制作水果造型、延伸的糖管，或是既需要外形较大又需要减少用糖、减轻重量的卡通形象等作品上。

（4）流糖线。煮好后的糖液从糖刀前方流下形成的线体即流糖线。操作时，可以直接通过手进行造型创作或使其流在模型上形成理想的形状。由于这种糖体造型有镂空感，简单并能快速操作，因此非常适用于盘饰和大型糖艺装饰。

■ 艾素糖也称珍珠糖，形似珍珠。传统糖艺使用的“糖”实际是由白砂糖、麦芽糖、饴糖、葡萄糖等调和而成的混合物，制作比较复杂，且费时。而艾素糖是由不同类型的糖调配而成的食品，可以直接加热用来制作糖艺作品。

8. 米面类原料

米面类原料可用于做面塑。面塑源于汉代，发展于明清，是极具中国地方民族特色的传统手工工艺，具有原料易得、制作简便、容易成形、造型逼真、方便保存、实用性强等特点。面塑制作分学院派和民间派两种。在盘饰应用中，或利用一些西式甜点对菜肴进行装饰，或利用一些面艺煎炸造型对菜肴进行装饰，或利用一些面艺烘烤造型对菜肴进行装饰。米面类原料在热菜、冷菜和面点装饰方面起着重要作用。图 1-25 所示为米面盘饰。

图 1-25　米面盘饰

二、盘饰原料的选用与处理方法

1. 盘饰原料选用

盘饰的选料十分讲究。选料原则是根据构图需要荤素搭配，色彩要协调，原料本身应质地精良。制作盘饰的原料繁多，选料是关键，没有好的原料很难做出质量高的盘饰。

（1）原料必须新鲜。

（2）原料必须清洗干净，不能有泥沙、污渍。

（3）盘饰原料配色应合理。不仅要考虑几种盘饰原料之间的色彩搭配，还要考虑菜肴与盘饰原料之间的色彩搭配。例如，用基围虾、番茄酱等制作的菜肴色泽红润，用生菜叶、黄瓜片、香菜叶等装饰就非常合适，如果用胡萝卜片、番茄片、橙子片来装饰就不好看了。

（4）不能用不可食用的原料制成的工艺品装饰菜肴，如木制品、金属制品、陶瓷制品、泡沫塑料制品等。可用面塑制品装饰菜肴。

（5）谨慎使用某些花草原料。很多厨师喜欢用鲜花来装饰菜肴，既省事又好看，但是一些鲜花是有毒的，使用时必须慎重。用观赏植物中的某些花草来装饰菜品是不合适的。

（6）按季节选择时令原料。例如，秋季在选禽类原料时应多考虑鸭类，此时的鸭丰满肥嫩，正当时令；霜降后的萝卜比霜降前的质量好，其体大肥美，水分多，口感脆嫩。

2. 盘饰原料的处理方法

（1）制作围边时，要刀工精细，切片均匀，不能有薄有厚、有大有小；拼摆要整齐。

（2）盘饰一般不要和菜肴直接接触，以免交叉污染。使用容器式盘饰前，要将刻好的盅、罐、盒等用蒸或煮的方法处理一下，杀菌消毒。如果是形状较大的龙舟、凤舟，要在底部垫上一层锡纸。

（3）有些原料在雕切成一定形状后，可用热水略烫一下，再用冷水漂凉使用，如黄瓜片、莴笋片、大青椒、胡萝卜等。这样做既可起到杀菌消毒的作用，又能使原料的颜色变得更加艳丽。

（4）立体式盘饰和容器式盘饰的雕刻手法应简捷，追求神似而不必过分追求精细。

（5）雕刻作品的主题可与菜肴原料之间建立某种关系。例如，清炒虾仁可刻几只大虾围边，福袋鳜鱼可刻一个老渔翁装饰（见图 1-26），蚝油牛肉可雕一只在耕地的老黄牛装饰，红烧兔肉可在盘边衬上一只雕好的老鹰。

图 1-26　老渔翁装饰

（6）盘饰原料的比例要适当，要恰到好处，不要过多、过繁，要为了装饰菜肴而进行盘饰，不要为了盘饰而盘饰，不要喧宾夺主。

学习单元 4

盘饰刀工

学习目标

1. 刀工与盘饰制作方法
2. 掌握盘饰制作刀法
3. 掌握盘饰刀具使用要领

对于盘饰制作而言，厨师不仅要有一定的艺术修养和装盘技巧，还需要有熟练的刀工。刀工是决定造型是否美观的主要因素，娴熟的刀工是制作高质量盘饰的根本保证。

一、刀工与盘饰制作方法

1. 切拼法

切拼法就是根据原料固有的色泽和形状，利用各种刀法和拼摆手法将原料切、拼成各种图案。由于拼摆手法工艺不繁，操作简便，选料广泛，因此一般家庭都可制作。切拼法拼摆成的图案最好与菜肴主体相呼应，如针对“年年有余”这道菜，可以制作一个“鲤鱼戏水”的盘饰，这样不仅对菜肴做了点缀装饰，且富有寓意，可谓两全其美。

2. 雕刻法

雕刻法就是利用专用的食品雕刻刀具将原料雕刻成各种富有寓意的作品来点缀菜肴。雕刻是一门特殊的技艺，所用的原料一般是质地脆嫩的瓜果蔬菜。作品常常放置于盘子的中央，菜肴环形而放（即中心点缀）。运用雕刻法的盘饰往往制作费时且操作难度大。

二、盘饰制作刀法

盘饰制作的刀法与行业上加工切配菜肴原料时所用的刀法有所不同，每个人也可以有自己的制作手法和习惯。根据在雕刻中的具体实践，总结以下几种刀法。

1. 直刀切

直刀切是制作盘饰最常用的刀法，具体又可分推刀切和拉刀切。

2. 斜刀切

斜刀切是刀与砧板成斜角切改原料的一种刀法。

3. 平刀片

平刀片是刀面与砧板近乎平行地切改原料的一种刀法。

4. 弯刀切

弯刀切是切改原料时刀与砧板的夹角不断发生变化的一种刀法，一般用于将原料修成弧形或半圆形。

5. 旋

旋的刀法多用于给水果削皮或将水果原料表面修成圆弧状。

6. 刻

刻是盘饰制作中最常用的刀法，如将原料雕刻成花、鸟、鱼、虫等。

7. 划

划一般在瓜盅或瓜皮雕刻中使用。划用于勾勒出所构思图案的大体形态，具有一定的深度。一般划后再刻。

8. 削

削用于把盘饰原料表面“修圆”，即达到表面光滑、整齐的效果。

三、盘饰刀具使用要领

1. 握刀要有力，保持平稳；操刀要灵活轻巧。

2. 切原料时要用连切带拉的方式进行切割，此种切法使原料易于切割而刀路平稳不至于影响原料的整洁性。

3. 雕刻用的刀具要保持锋利。

4. 切割或雕刻要尽量一刀完成，避免重复。

5. 要根据原料性质灵活运用刀具。以花式冷拼为例。冷菜大多先烹后切，经过熟制的块料、糕料比较酥软，因此在切配时应根据原料的不同性质灵活运用刀法，对刀工的轻、重、缓、急要有分寸，无论是哪种形态，都应整齐划一、干净利落，使形状符合拼摆要求。切制荤料时，要以与块料的纤维方向垂直的角度下刀，等刀口完全压住并压平原料后再行运刀，这样刀口不会出现弯曲状。切制冻糕类时，左手不能对原料施压，右手要均匀用力下刀，使刀口平整，厚度一致。雕刻刀具的使用在项目 2 中有详细介绍。

学习单元 5

盘饰安全与卫生

学习目标

1. 掌握环境安全与卫生的相关规定

2. 掌握原料安全与卫生的相关规定

3. 掌握盘饰保存方法

食品安全与卫生是菜肴最重要的一道关卡。有部分餐厅为追求造型摆盘色泽美观，违规使用人工色素、增香剂等食品添加剂，这些物质长期食用会对人体健康造成一定的危害。在一些烹饪比赛中，为使摆盘更好看，制作者的手长时间接触食物，甚至将热菜直接放在冷的琼脂上等，虽然外表美观，但在一定程度上对菜肴的质地产生了负面的影响，这在食品安全与卫生上是不合格的。

盘饰在遵守高效实用等原则的同时，还要遵守讲究干净卫生的原则，注意防止污染。

一、环境安全与卫生

1. 盘饰制作应在食品专用间或环境清洁的场地进行。

2. 操作人员应穿工作服，戴工作帽和口罩，双手消毒清洗干净或戴一次性手套。

3. 雕切原料用具应在使用前进行消毒清洗；使用专用抹布，每次使用后都要清洗，且一布不可多用，以防交叉污染。

4. 检查盛器是否破损，如破损应立即更换，以免割伤顾客，降低菜肴质量。

5. 盘饰专用刀具用完后应放入指定的位置，以免滑落发生意外，出现安全事故。

二、原料安全与卫生

1. 选购原料时要严把质量关，坚决不用腐烂变质的原料。

2. 所有原料在制作前都要用清水浸泡清洗干净，以除去表皮污染物质，保证食用安全。

3. 盘饰一般不经过高温消毒，过高的温度会使盘饰变形、褪色，因此在制作盘饰之前会对原料进行消毒，并且必须将没有消毒的原料和已经消毒的原料分开放置，以免交叉污染。

4. 切完每种原料后，应立即擦拭留下的残渣，保证砧板表面干净。

5. 雕切原料要整齐，摆放要整洁，忌摆放杂乱无章。

6. 不使用有害液体浸泡的原料，尽量不使用色素，慎用添加剂，少用或不用手工雕刻物来组装冷拼，禁止竹签、不可食用的树叶等进入拼盘。

7. 做好的盘饰在出品前要检查是否留有不干净的斑点或异物。

8. 剩余原料应立即用保鲜膜包好，放入冰箱内存放。

9. 盘饰应现做现用，不宜长时间存放。

10. 盘饰不同于其他工艺品，不能长久欣赏，有的只能展示几分钟至十几分钟。我们拼摆一个花式拼盘的时间应控制在 1 小时之内甚至更短。这除了能够控制制作成本（时间成本、原料成本、人员成本）外，还能保持原料新鲜，避免因时间过长而产生一定的安全卫生隐患。

三、盘饰保存

盘饰可以在菜肴制作之前做好，也可以在菜肴装入盘中后进行。对于提前做好的盘饰原料和盘饰品，要合理地保存，防止污染和变色。

1. 盘饰原料保存

盘饰原料要用保鲜膜包好放在冰箱的保鲜室内，温度保持在 0～4 ℃，以保证新鲜，防止原料水分蒸发，变质腐烂。

2. 盘饰成品保存

盘饰最好现做现用，若要预先做好，则要把盘饰成品放在干净卫生的冰箱保鲜室内，温度保持 0～4 ℃，注意千万不要与其他生料混放，防止污染。

操作技能

糖艺盘饰：拉丝糖片创意盘饰

操作准备

工具准备

（1）不锈钢锅 1 只。

（2）不锈钢长柄勺 1 把。

（3）高温不粘垫 1 块。

（4）厨房专用测温计 1 支。

（5）电磁炉 1 只。

（6）10 寸白色平圆盘 1 只。

原料准备

（1）拉丝糖（艾素糖）150 g。

（2）食用叶草、食用花卉少许。

操作步骤

步骤 1 将不锈钢锅放在电磁炉上，加入拉丝糖。

步骤 2 加热不锈钢锅，使拉丝糖融化，如图 1-27 所示，继续烧开至 200 ℃左右（用厨房专用测温计测量）。

图 1-27 加热拉丝糖

步骤 3 关火，冷却烧熔的拉丝糖水至 120 ℃左右（用厨房专用测温计测量）。

步骤 4 根据所设计的图案将拉丝糖水浇在高温不粘垫上，如图 1-28 所示。

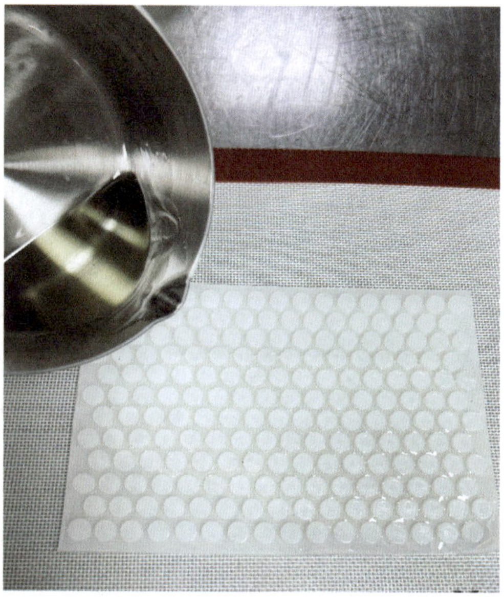

图 1-28 浇拉丝糖水

步骤 5 待拉丝糖水冷却凝固，如图 1-29 所示，之后从高温不粘垫上取下具有一定造型的拉丝糖片，放于干燥处待用。

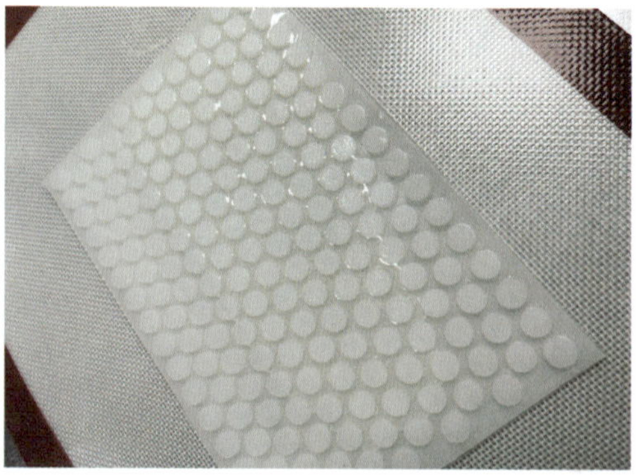

图 1-29 冷却凝固

步骤 6　用不锈钢长柄勺舀取一小勺拉丝糖水，浇在离圆盘边缘 1/5 处，成圆形糖艺底座，如图 1-30 所示。待其即将冷却凝固时，迅速将先前制作好的糖艺造型作品垂直黏合在圆形糖艺底座上，如图 1-31 所示。

图 1-30　浇底座

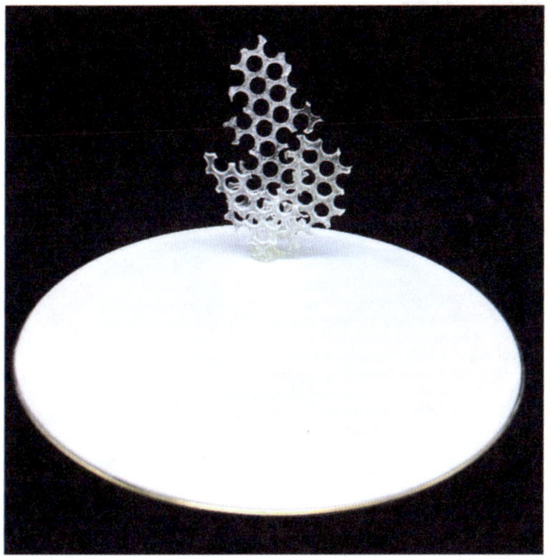

图 1-31　黏合

步骤 7　在底座周围放上少许食用叶草和少许食用花卉装饰点缀。

质量指标

1. 拉丝糖的加热温度控制和冷却温度控制得当。
2. 作品造型把控得当。
3. 作品线条粗细控制得当。
4. 糖艺造型作品的透明度要达到玻璃般通透的效果。
5. 糖艺造型作品的高度不低于 6 cm。
6. 糖艺造型作品黏合牢固平稳，不易倒塌。
7. 糖艺盘饰的整体色彩搭配柔和。

花卉盘饰：插花形盘饰

操作准备

工具准备

（1）剪刀 1 把。

（2）摆盘镊子 1 把。

（3）筷子 1 双。

（4）小碗 1 只。

（5）一次性裱花袋 1 只。

（6）裱花嘴（锯齿形）1 个。

（7）10 寸白色平圆盘 1 只。

原料准备

（1）食用草叶类香料、食用草叶类蔬菜、食用花卉若干，如图 1-32 所示。

（2）南瓜粉 100 g。

图 1–32　食用花草原料

操作步骤

步骤 1　将南瓜粉放入小碗中，如图 1–33 所示；倒入适量开水，并迅速将其搅拌均匀成泥状，如图 1–34 所示，冷却待用。

图 1–33　碗中放入南瓜粉

图 1–34　南瓜粉加水拌成泥状

步骤 2　将一次性裱花袋用剪刀剪出适合大小的平口，装入裱花嘴卡紧，将南瓜泥放入裱花袋中，如图 1–35 所示；在白色平圆盘的 1/5 处挤出南瓜泥花一大一小两朵，如图 1–36 所示。

图 1–35　将南瓜泥放入裱花袋

图 1-36　用南瓜泥裱花

步骤 3　用摆盘镊子将食用草叶类蔬菜、食用草叶类香料，按近低远高的规律有层次地依次安插在南瓜泥花上，如图 1-37 所示。

图 1-37　在南瓜泥花上装饰

步骤 4　用摆盘镊子将少许食用花卉点缀在南瓜泥花周边。

质量指标

1. 南瓜泥须调制得软硬适中。
2. 作品造型要有层次感、立体感。
3. 作品色彩搭配合理，颜色鲜亮。
4. 食用花卉搭配合理，主次分明。

蔬菜盘饰：锦绣鲜蔬盘饰

操作准备

工具准备

（1）片刀 1 把。

（2）雕刻刀 1 把。

（3）剪刀 1 把。

（4）摆盘镊子 1 把。

（5）一次性裱花袋 1 只。

（6）裱花嘴（锯齿形）1 个。

（7）10 寸白色平圆盘 1 只。

原料准备

（1）樱桃小番茄 1 个。

（2）细芦笋 3 根。

（3）苦苣生菜少许。

（4）熟玉米 1 根。

（5）土豆粉少许。

（6）京葱1根。

（7）樱桃小萝卜2个。

（8）食用花卉少许。

操作步骤

步骤1 将土豆粉放入小碗中，如图1-38所示；倒入适量沸水，并迅速将其搅拌均匀成泥状待用，如图1-39所示。

图1-38 碗中放入土豆粉

图1-39 土豆粉加水拌成泥状

步骤2 将细芦笋放沸水中焯水至断生，捞出后浸冰水中待用。

步骤3 将熟玉米横切出2 cm高的一段，平放在白色平圆盘1/5处，如图1-40所示。

图1-40 玉米定位

步骤4 将一次性裱花袋用剪刀剪出大小合适的平口，装入裱花嘴卡紧，将土豆泥放入裱花袋中，如图1-41所示；在玉米段上裱上土豆泥花，如图1-42所示。

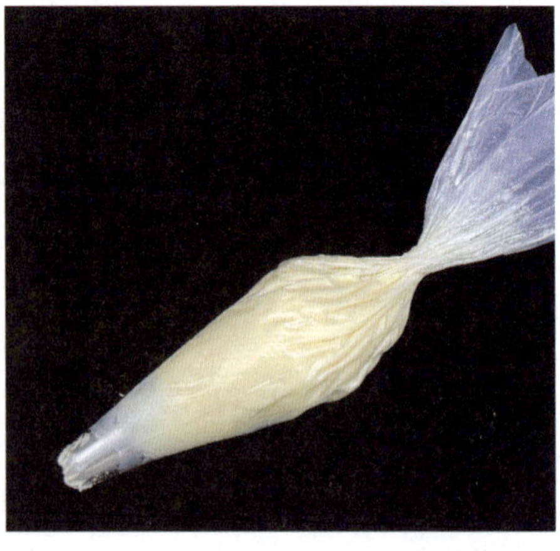

图1-41 将土豆泥放入裱花袋

图 1-42 在玉米段上裱上土豆泥花

步骤 5 将樱桃小萝卜切片，每片厚度控制在 0.8 mm 左右，用摆盘镊子将其一片交叠一片地环插在土豆泥花周围，形成一圈，如图 1-43 所示。

图 1-43 交叠环插樱桃小萝卜片

步骤 6 将京葱斜切成刀间距为 8 mm 的斜段，取白色表层，用摆盘镊子按扇面形状将其安插在土豆泥花上，如图 1-44 所示。

图 1-44 插京葱圈

步骤 7 将熟的细芦笋改刀成段，用摆盘镊子将细芦笋段插在京葱圈后的土豆泥花上，如图 1-45 所示。

图 1-45 插细芦笋段

步骤 8 用雕刻刀将樱桃小番茄按锯齿状雕刻成两朵“番茄花”，用摆盘镊子将“番茄花”摆放在土豆泥花上，如图 1–46 所示。

图 1–46 摆放“番茄花”

步骤 9 用摆盘镊子将苦苣生菜和食用花卉点缀在土豆泥花空隙中，如图 1–47 所示。

图 1–47 用苦苣生菜和食用花卉点缀

质量指标

1. 土豆泥调制得软硬适中。
2. 土豆泥裱花造型美观。
3. 樱桃小萝卜切片厚薄均匀，每片厚度为 0.8 mm 左右，圆整而无破损。
4. 京葱圈摆放成扇形，美观完整。
5. 在樱桃小番茄上下等分处雕刻锯齿。
6. 作品的高度、大小把控得当。
7. 作品摆放平稳。
8. 作品色彩搭配合理。

水果盘饰：芬芳鲜果盘饰

操作准备

工具准备

（1）片刀1把。

（2）挖球器1个。

（3）雕刻刀1把。

（4）圆口刀1把。

（5）10寸白色平圆盘1只。

原料准备

小杧果、蛇果、猕猴桃、杨桃各1个，西瓜、哈密瓜各1片，蓝莓3颗，如图1-48所示，西瓜皮1块。

图 1-48 原料

操作步骤

步骤 1 避开果核将小杧果切半，用雕刻刀在果肉上划刻出交错的菱形格子，如图 1-49 所示；反推果皮，使果肉凸出，如图 1-50 所示。

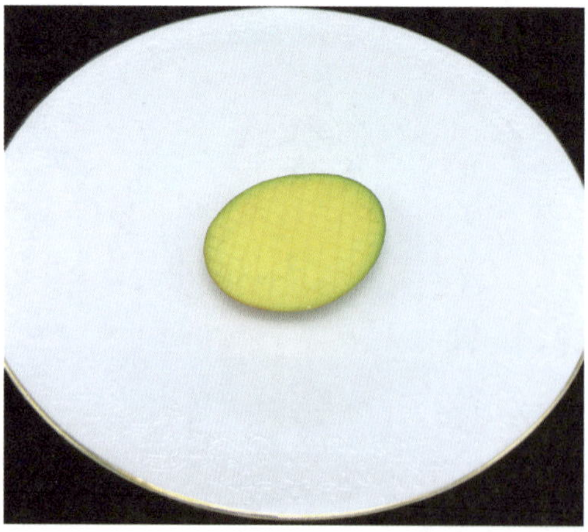

图 1-49 在果肉上划刻出菱形格子

图 1-50 使果肉凸出

步骤 2 将蛇果对半切再对半切，取 1/4 果肉，如图 1-51 所示；雕刻出每层间距相等的核桃形（斜角刻入，每两刀刻断，形成 5 层），如图 1-52 所示；再一层层往前推开，如图 1-53 所示。

图 1-51 取蛇果瓣

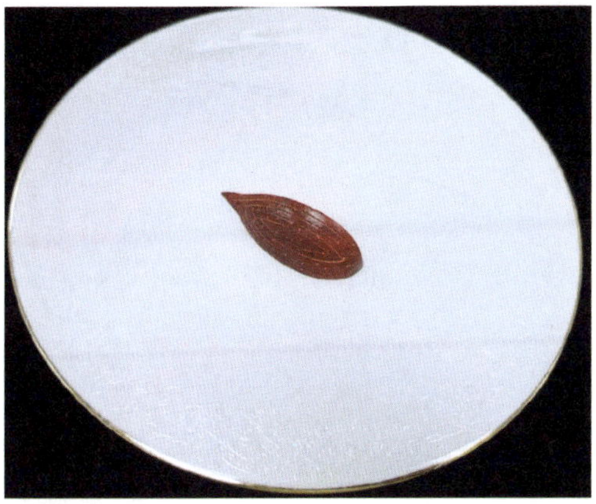

a）

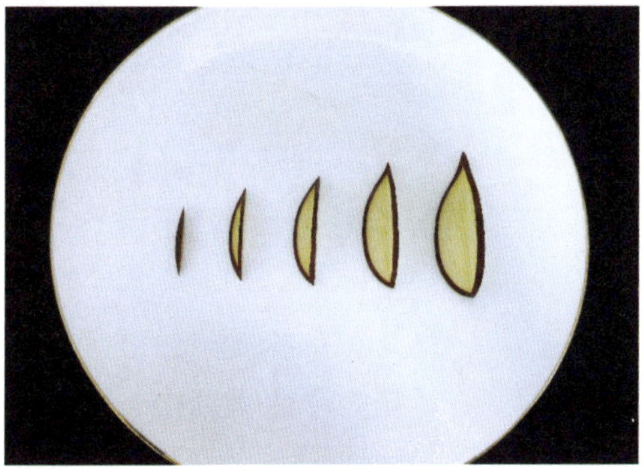

b）

图 1–52　刻出核桃形

a）整体效果　b）分开效果

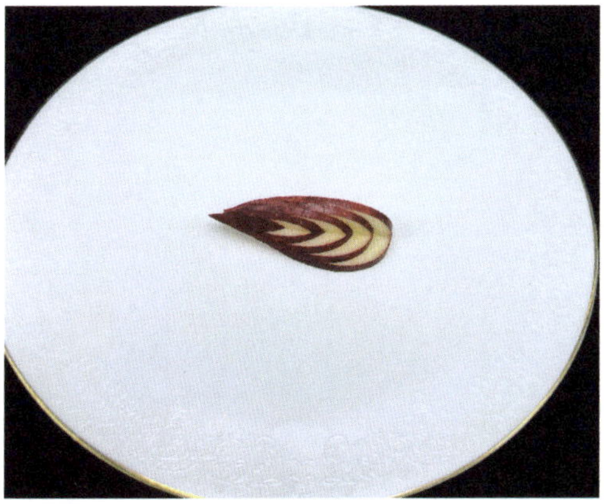

图 1–53　层层推开

步骤 3　将猕猴桃去皮，用雕刻刀按锯齿状雕刻出两朵“猕猴桃花”，如图 1–54 所示。

图 1–54　刻“猕猴桃花”

步骤 4　用挖球器在西瓜片上挖出大小不一的西瓜球待用，如图 1–55 所示。

图 1–55　西瓜球成形

步骤 5 用西瓜皮雕刻出树干，如图 1-56 所示。

图 1-56 用西瓜皮做树干造型

步骤 6 用圆口刀在哈密瓜上刻出有 5 瓣花瓣的小花待用。

步骤 7 将杨桃切出 0.5 cm 的片。

步骤 8 将雕刻好的小杧果、蛇果、猕猴桃、西瓜、杨桃、蓝莓按造型设计摆放在白色平圆盘的 1/5 处，注意摆放出高低层次。

步骤 9 将用西瓜皮雕刻好的枝干插在猕猴桃上。

步骤 10 将雕刻好的哈密瓜小花插在西瓜皮枝干上。

质量指标

1. 划刻小杧果时不能刻破果皮。
2. 雕刻蛇果时，每层间距相等。
3. 在猕猴桃上下等分处雕刻锯齿。
4. 用挖球器挖出的西瓜球应呈圆球形，不能呈半圆球形。
5. 用西瓜皮雕刻的枝干大小比例适中。
6. 用哈密瓜雕刻的小花大小比例适中。
7. 作品高度、大小适中。
8. 作品摆放美观，层次分明。

米面盘饰：缤纷扇形盘饰

操作准备

工具准备

（1）筷子 2 双。

（2）片刀 1 把。

（3）吸油纸 1 卷。

（4）10 寸白色平圆盘 1 只。

原料准备

（1）细长面 1 卷。

（2）天妇罗炸粉 50 g。

（3）海苔片 1 张。

（4）青椒、红椒、黄椒各 1 个。

（5）食用花卉、苦苣生菜少许。

（6）鸡蛋液少许。

操作步骤

步骤1 将青椒、红椒、黄椒各切成豆粒大小的细粒待用，如图 1-57 所示。

图 1-57 彩椒成形

步骤2 将天妇罗炸粉加适量水搅拌均匀成炸粉糊待用。

步骤3 用刀将海苔片切成三条宽约 6 mm 的海苔条待用，如图 1-58 所示。

图 1-58 海苔成形

步骤4 取适量细长面，截取约 10 cm 长，两头各用涂抹过鸡蛋液的海苔条捆绑黏合，如图 1-59 所示。

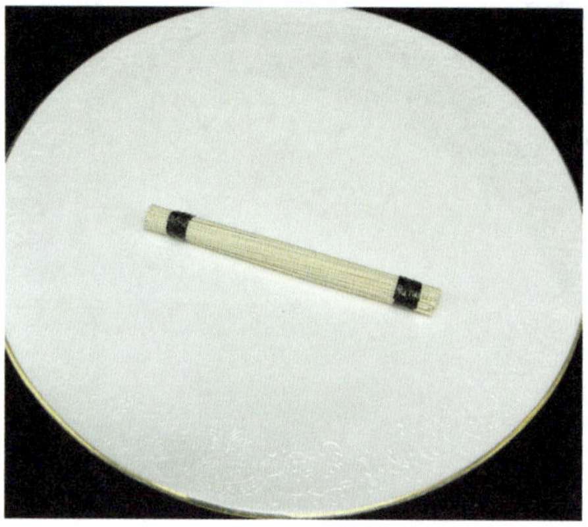

图 1-59 用海苔条捆绑细长面两端

步骤5 另取适量细长面，截取约 12 cm 长，一头用涂抹过鸡蛋液的海苔条捆绑黏合，如图 1-60 所示。

图 1-60 用海苔条捆绑细长面一端

步骤 6　取锅倒油，烧至四成热时，两手各取一双筷子，分别夹住 10 cm 长面条两端用海苔条捆绑的地方，将其放入油锅，如图 1-61 所示，稍等 5 秒后，继续夹着海苔条处前后来回在油锅中移动，让面条受热均匀；待面条发软后，用筷子夹着左右两头向中间弯曲，如图 1-62 所示，弯成船形后，将其在油锅中稍稍定型再捞出，放在吸油纸上吸油，冷却后待用。

步骤 7　待先前油锅内的油温冷却到四成热时，用筷子夹住另一捆面条的海苔条捆绑处，下油锅，在热油中左右缓慢移动面条，使其散开呈扇形，如图 1-63 所示；待面条变硬定型浮起至油面后，迅速将彩椒粒和天妇罗炸粉糊混合，并将其均匀地撒在面条扇面上，如图 1-64 所示；待混有彩椒粒的炸粉糊粒凝固在扇面上后，捞出面条放在吸油纸上吸油，冷却待用。

图 1-61　将 10 cm 长面条下油锅

图 1-62　弯曲细长面

图 1-63　散成扇形

图 1-64　撒混有彩椒粒的炸粉糊粒

两捆面条炸制后的形态如图 1-65 所示。

图 1-65 面条定型

步骤 8 将炸好的两件面条作品在白色平圆盘的 1/5 处摆放出造型，在“面船”中放少许苦苣生菜和食用花卉点缀，如图 1-66 所示。

图 1-66 组装成形

质量指标

1. 天妇罗炸粉糊的厚薄控制得当。
2. 面条油炸时的温度控制得当。
3. 面条入油锅后的造型把控得当。
4. 拼合两件面条作品，使其造型美观，立体感强。
5. 作品色彩丰富，搭配合理。

练习与检测

一、判断题（将判断结果填入括号中，正确的填“√”，错误的填“×”）

1. 好的盘饰能够起到美化菜肴、提升菜肴品位，吸引眼球、增强食欲，营造情趣、烘托就餐气氛的作用。（ ）

2. 盘饰是烹饪技术与艺术的结合，是一种实用性、观赏性很强的行为创作。（ ）

3. 盘饰是菜肴的一种装饰形式，菜肴本身的食用性和口味才是主要内容，如果只重视盘饰而忽视了菜肴本身的营养价值和口味，则是本末倒置。（ ）

4. 在菜肴中，盘饰所占的比例很大，处于主要地位，一个制作精良、寓意深刻的盘饰往往有画龙点睛的作用。（ ）

5. 围边的作用在于打破盛器本身构形的单调，使菜肴构形生动活泼，富于变化。（ ）

二、单项选择题（选择一个正确的答案，将相应的字母填入题内的括号中）

1. 盘饰是中国烹饪技艺的重要组成部分，它促使中国烹饪由纯技术领域上升为（ ）与技术相融合的新领域。

A. 美术　B. 艺术　C. 美学　D. 造型

2. 通常在菜肴之上、盛器边缘或盛器内的空白处放置一些装饰物，以对菜肴的形和色做进一步修饰，或构成菜肴的具体形象的盘饰形式称为（ ）。

A. 装饰　B. 点缀　C. 装点　D. 修饰

3.（ ）是指在盛器内菜肴旁边的空白处，用与菜肴形态和色彩相称的饰料点缀，以形成完整的菜肴形象的装饰方法，多用于工艺热菜的造型。

A. 结构点缀　B. 造型点缀　C. 艺术点缀　D. 构形点缀

4.（ ）是为菜肴赋予更高价值的重要方式。通常情况下，对于同样口味的菜肴，具有一定造型、进行盘饰装点、特色鲜明的菜肴更受消费者肯定，有利于提升经济效益。

A. 围边和拼摆　B. 主料和辅料

C. 造型和装饰　D. 盛器和餐具

5. 盘饰在遵守高效实用等原则的同时，还要遵守讲究（ ）的原则，注意防止污染。

A. 干净卫生　B. 美观整洁　C. 色香味形　D. 个人卫生

三、多项选择题（选择两个或两个以上正确的答案，将相应的字母填入题内的括号中）

1. 围边切忌喧宾夺主，其色彩应和谐素雅，与菜肴的颜色形成鲜明对比，并突出菜肴的颜色，同时还要考虑围边色彩与盛器色彩的协调，以求得（ ）三者的统一融合之美。

A. 菜肴　B. 辅料　C. 围边　D. 口味　E. 盛器

2. 中国烹饪历来讲究色、香、味、形、质、意俱全，不仅注重菜肴的营养、味道、质感等，还重视菜品的（ ）等。盘饰是菜肴艺术的体现，往往能够带给人美的享受。

A. 口感　B. 造型　C. 香气　D. 色彩　E. 意境

3. 盘饰美学是指构成盘饰造型的一切形式因素，如（ ）和空间等，按一定规律组合后所呈现出来的审美特性。

A. 色彩　B. 形状　C. 质地　D. 结构　E. 体积

参考答案

一、判断题

1. √　2. ×　3. √　4. ×　5. √

二、单项选择题

1. B　2. B　3. D　4. C　5. A

三、多项选择题

1. ACE　2. BDE　3. ABCDE

项目 2 食品雕刻

学习导入

食品雕刻

月季花雕刻
牡丹花雕刻
荷花雕刻
马蹄莲雕刻
菊花雕刻

学习单元 1

食品雕刻基本知识

学习目标

1. 掌握食品雕刻的概念
2. 了解食品雕刻的目的和意义
3. 掌握食品雕刻的分类
4. 了解食品雕刻的作用
5. 了解食品雕刻的发展
6. 了解食品雕刻的运用
7. 了解食品雕刻的特性和特点

一、食品雕刻的概念

随着我国经济快速发展，人们的生活条件不断改善，对饮食的要求也不断提高。食品雕刻技艺以提升愉悦感受为目标，追求烹饪造型艺术和色彩搭配艺术，集菜肴点缀、展台布置等应用于一体，是中式烹调师一项重要的应用技术和拓展技能。

食品雕刻是通过雕、刻、戳、镂等手法，将食品原材料加工处理成具有实用性、审美性的各种艺术形体，然后对菜肴进行弥补、装饰、点缀、衬托，最终达到完善造型、美化菜品的一门独特技艺。食品雕刻是一门美化宴席、陪衬菜肴、烘托气氛的造型艺术，使人们在得到物质享受的同时，也能得到审美享受。食品雕刻花样繁多，取材广泛，花鸟鱼虫、风景建筑、神话传说都可以通过这种艺术形式表现出来，并赋予菜肴一定的寓意。

二、食品雕刻的目的

食品雕刻的目的是美化菜肴、装饰席面，因此雕刻作品应造型优美、形象生动、色调明快，使用餐者在品尝美味的同时，在视觉上、情感上得到美的享受。

三、食品雕刻的意义

食品雕刻作为中式烹饪技艺中难度系数最大的一项技术，千百年来让无数厨师都望而兴叹。随着社会发展与时代进步，物质生活的满足使人们逐渐增强在艺术和精神层面的追求。食品雕刻大大丰富了饮食美学及食品艺术的内涵，在现代饮食行业与餐饮文化中的地位变得越来越重要。

掌握食品雕刻技艺对宣传推广中华民族饮食文化有着重要的意义。中国烹饪对世界饮食具有深远的影响，通过食品雕刻技艺可以进一步加深世界人民对中国烹饪的认知，提升其对中国饮食文化的总体认识和评价。

食品雕刻是我国饮食文化的重要组成部分，是我国烹饪技术中一份宝贵的遗产。食品雕刻是在石雕、木刻等基础上逐步形成和发展起来的，是劳动人民在长期实践中创造出来的一门餐桌上的艺术。食品雕刻丰富多彩的造型、精巧别致的图案和精湛高超的制作技艺，形成了其独特的艺术风格，成为世界烹坛百花丛中一枝独放异彩的奇葩。食品雕刻增加菜肴色、形的感染力，诱人食欲，给人以高雅优美的享受。目前，这门技艺得到了广泛的应用，深受广大食客的喜爱。

四、食品雕刻的分类

将食品雕刻从不同角度加以分类，对系统了解其制作过程中的全貌和特点，加深对食品雕刻基础知识的理解，掌握其操作规律有十分重要的意义。

1. 根据装饰特性分类

（1）参与型装饰食品雕刻。参与型装饰食品雕刻直接参与在菜肴中，起到美化菜肴、渲染气氛、烘托主题的作用。这里又有两种不同的侧重方向，一种侧重于点缀式装饰，另一种侧重于食用式装饰。这两种不同的装饰形式所运用的是两类不同的雕刻制品，前者主要使用一些立雕、浮雕制品；后者主要使用一些平雕、微型整雕制品，统称“花式配菜”，在菜肴中主要充当辅料（有部分可作主料）的角色，其雕刻品常用的有兰花、蜡梅、绣球、城墙垛、芝麻秸等及平刻（模具）块片。一般来说，点缀式装饰食品雕刻主要用在冷盘和大菜中，食用式装饰食品雕刻主要用在热碟和汤、羹菜中。

（2）独立型装饰食品雕刻。独立型装饰食品雕刻制品不参与在菜肴中，主要对整个宴席起到渲染气氛、烘托主题的作用。独立型装饰食品雕刻制品是观赏式的、独立的作品，一些大型立雕、镂空雕与组合造型制品就是常用的形式，通常作为雕刻欣赏，造型有花坛、花篮、花瓶、群雕花卉、盆景等。实践证明，这类雕刻虽不直接被人食用，但其提高宴席意境、增强饮食情趣的价值远远超过简单的食用价值，从而被盛大宴会以及一些高级、中级宴席广泛使用。

2. 根据品种造型分类

（1）花卉雕。花卉雕是指选用新鲜的瓜果、蔬菜等原料雕刻出月季花、牡丹花、山茶花、菊花、玫瑰花、马蹄莲、荷花、牵牛花、梅花等形象来装饰美化菜肴。雕刻时，可在色泽、形状、大小、宽窄、疏密、弯直等方面加以变化。

（2）鸟雀雕。鸟雀雕是指选用新鲜的瓜果、蔬菜等原料雕刻出孔雀、凤凰、鹰、鹤、雄鸡、天鹅、鸳鸯等形象来装饰美化菜肴。可采用整雕或组装雕表现形式，一般选用体型较大或形体相宜的原料。

（3）鱼虫雕。鱼虫雕是指选用新鲜的瓜果、蔬菜等原料雕刻出金鱼、鲤鱼、虾、蟹、螳螂、蝉、蝴蝶等形象来装饰美化菜肴。

（4）兽畜雕。兽畜雕是指选用新鲜的瓜果、蔬菜等原料雕刻出龙、兔、牛、马、麒麟等形象来装饰美化菜肴。可采用立体整雕、组雕、浮雕等表现形式。

（5）器物雕。器物雕是指选用新鲜的瓜果、蔬菜等原料雕刻出花瓶、盅类、瓜灯、盛器等形象来装饰美化菜肴。可采用整雕、组雕、镂空雕、浮雕等表现形式。

3. 根据雕刻原料分类

食品雕刻根据雕刻原料的不同可分为果蔬雕、糖雕、琼脂雕等。目前已有专门的公司从事各类食品雕刻对外加工业务，为宾馆、酒店、婚庆礼仪（摄影）公司等精心制作各种雕刻作品。

4. 根据雕刻工艺分类

食品雕刻根据雕刻工艺的不同可分为整雕、组雕、浮雕、镂空雕等。目前，食品雕刻工艺的需求量日益增大，工艺品质也越来越好。

五、食品雕刻的作用

食品雕刻是在食用原料范围内进行的，属于艺术雕刻范畴，与石雕、木刻等有着共同的美术原理。食品雕刻有专供欣赏而不作食用的，也有既供欣赏又可作食用的。但由于雕刻成品欣赏价值高，就餐者一般不舍得破坏，因此很少有人去食用。食品雕刻是烹饪技术与造型艺术的结合，是一项非常精细的操作技术，具有很高的艺术性，其主要作用如下。

雕刻原料大多选用含水分多且具有脆性、可塑性、天然色泽的瓜果蔬菜。这些原料取材方便，价格低廉，便于雕刻，但易腐烂变质和萎缩，不宜久藏。

1. 美化菜肴

（1）弥补平面造型的不足。这主要体现在花式冷拼上，即在一些原本显得呆板的平面花式冷拼中安插一个动物部位的小部件（如头、爪、翅等），这些小部件在拼盘造型中虽然所占比例不大，却起了画龙点睛的作用，弥补了冷盘平面造型的不足，使冷盘造型更加生动，富有变化，更加完美，如“孔雀开屏”的孔雀头，“龙凤呈祥”的龙头、凤头等。

（2）点缀装饰菜肴。画家在画人物画时，喜欢在旁边画些花草、树木或题字，起到烘托作用，目的在于使画面有生气，不呆板。食雕的作用也与之相似，起到烘托、点缀装饰作用。例如，一盘酱红色的炒猪肝或一只栗色的烧鸡盛装在盘中总不免有些单调、呆板、暗淡，若放上一朵食雕花卉点缀，便会显得生机勃勃、鲜亮明快，诱人喜爱。有些菜肴容易显得杂乱，若放上食雕点缀，便能将其统一起来，使其形色兼备。食雕在点缀方面的作用是很大的，可以说，大部分食雕作品都是为点缀菜肴而制作的。

相关链接

食品雕刻点缀

食品雕刻点缀是指根据菜品的色泽、口味、形状、质地等，用雕品加以陪衬，可分为盘边点缀、周围点缀、盘心点缀。此时，雕品就是一种盘饰。

盘边点缀是指在菜肴装盘前后，根据菜肴的颜色、形态和口味，把雕好的雕品放在菜肴的盘边上。这些雕品一般以小型花卉居多。盘边点缀的数量不宜过多，不宜精雕细刻，最好以抽象、简练的手法制作，切勿喧宾夺主。

周围点缀即根据菜品色泽搭配的需要，把食品雕刻作品摆放在菜肴的周围，以起到装饰作用。

盘心点缀就是在盛菜盘碟的中间放置食品雕刻作品，四周或两边放菜，以此来烘托菜肴。

（3）补充菜肴形象完整性。有些花式冷盘和花式热菜如“龙凤呈祥”“孔雀鳜鱼”等，如果不借助食品雕刻，用简单的刀法处理原料，就很难做出“龙头”和“孔雀头”，整个菜肴的形象就会不完整。因此，具备补充作用的食雕在菜肴中是必需的。合理使用食雕能使菜肴形象更加生动，色彩更加艳丽。

■ 点缀与补充有所区别。一般来说，对于需要补充的菜肴，食雕必不可少，少则会破坏整个菜肴的形象；而对于需要点缀的菜肴，食雕就不一定非要不可，用了能锦上添花，不用则菜肴依然有其自身的形、色，不会影响其完整性。

2. 盛装菜肴

各类食雕瓜盅如“西瓜盅”“冬瓜盅”在菜肴中的作用主要是取代盛器，美化器皿，增加菜肴的形象感和艺术性。例如，一盆水果或甜羹盛装在瓜盅中与盛装在普通器皿中就给人两种截然不同的感觉。用食品雕刻的盛器盛装菜肴能化平凡为神奇，获得良好的效果。

3. 烘托宴席气氛，点明宴席主题

不同的宴席有不同的主题和氛围。祝寿、婚庆、新年、升学等主题的宴席可以采用不同的食品雕刻作品（如寿比南山、龙凤呈祥、三阳开泰、金鸡报晓等）点明宴席的主题，烘托宴席的氛围。一些盛大的宴会和展台上的大型食品雕刻作品在烘托气氛、点明主题方面的作用更是无可替代。

4. 丰富桌台内容

食品雕刻能装饰席面，增进情趣，引诱食欲，活跃气氛。好的宴席应具备选料广泛、色泽鲜艳、品种丰富、口味多样、造型优美等特点，造型逼真、色彩鲜明并兼有食用价值和观赏价值的食品雕刻制品能使人在视觉和味觉上获得美的享受，食欲大增。

5. 展示厨师素质和技艺，提高档次，树立饭店形象

食品雕刻不同于木雕、玉雕、牙雕等其他雕刻，它不是单纯的工艺品，不是孤立地供人观赏，而是与菜肴结合起来，让人们在观赏的过程中进食。运用可食性原料雕刻而成的局部形象与菜肴材料拼摆融合在一起的造型是烹饪造型艺术中非常重

要的组合形式之一，能使菜肴的“脸面”更显风采，十分考验厨师的烹饪技艺和艺术素养。好的食品雕刻作品可以展示厨师的素质和技艺，提高菜肴或宴席的档次，树立饭店良好的形象。食品雕刻蕴含的文化性、技艺性、艺术性凸显了新一代厨师的素质和技艺，对于提升人们对厨师的职业认知，提高厨师的社会地位有举足轻重的作用。

6. 繁荣市场，促进销售，增加效益

食品雕刻制品一旦展示在人们面前，有先声夺人的作用。很多饭店、酒楼利用食品雕刻来展示厨师技艺，突出饭店的档次和经营面貌，从而招徕顾客，促进销售，增加营业收入。

六、食品雕刻的发展

1. 我国食品雕刻的发展历史

食品雕刻发源于中国。在我国古代敬神、祭祀等场合中，就已经出现了用蔬菜仿造某些物体形象来点缀和美化供品的简单果蔬雕刻，这就是食品雕刻的雏形。食品雕刻是将我国传统的木雕、石雕、玉雕和木刻等工艺美术的造型方法和技巧运用到食品上的一项传统技艺，是悠久的中华饮食文化孕育的一颗璀璨明珠，其历史源远流长。

由于文字记载远远落后于实际生活，有关食品雕刻形成的准确时期难以考证，但借助丰富的文字史料，还是可以基本厘清其形成与发展轨迹。

（1）殷商时期。《礼记 · 表记》中有“殷人尊神，率民以事神，先鬼而后礼”的记载，说的是殷人尊崇鬼神，领导人民侍奉鬼神，重鬼神而轻礼仪。当时，各代殷王为了加强统治地位，会亲自率领宰臣们参与祭祀，用牛鼎、鹿鼎等盛器和食器来供奉经精细选料、加工、雕饰过的祭品，以示敬意。

（2）春秋战国时期。《管子》记载：“雕卵然取之，所以发积藏，散万物。”这说明在春秋战国时期我国已经在蛋壳上雕刻花纹。

（3）魏晋南北朝时期。《荆楚岁时记》记载：“禁火三日，造饧、大麦粥，斗鸡，镂鸡子，斗鸡子。”《玉烛宝典》云：“古之豪家，食称画卵，今代犹染蓝茜杂色，仍加雕镂，递相饷遗，或置盘俎。”据此，可知在魏晋南北朝，“镂鸡子”（在鸡蛋上雕刻花纹）的风俗已非常流行。

（4）隋唐时期。到了隋唐时期，食品雕刻开始流行，取材范围不断扩大，雕刻的种类也变得多样，有了蔬菜雕、瓜果雕之分。唐代的食品雕刻技艺有了很大的发展。食品雕刻逐步从肴馔系列中分离出来，成为酒宴上独特的佳肴及艺术品。唐朝韦巨源编写的《烧尾宴食单》中就记载有“雕酥”，指的是雕刻的酥酪。

（5）宋代。宋代食品雕刻已蔚然成风。据《东京梦华录》记载，北宋汴京市上出售“花瓜”，其制法就是把瓜雕刻出各种不同的花样。南宋时期，食品雕刻渐渐融入人们的生活，雕花技艺也已兴起。南宋绍兴二十二年张俊孝敬宋高宗的筵席中就有大量的食品雕刻制品，据《武林旧事》所载食单，席中有雕花蜜饯，“计有十二味，雕花梅球儿、红消花、雕花笋、蜜冬瓜鱼儿、雕花红团花、木瓜大段儿、雕花金橘、青梅荷叶儿、雕花姜、蜜笋花儿、雕花橙子、木瓜方花儿”。这表明，当时雕刻的食品原料已扩展到水果蜜饯，雕刻图案也多种多样，为现代食品雕刻奠定了较坚实的基础。

另据《山家清供》记载，宋代谢益斋将雕花的香橼剖成两只杯子，温御酒飨客，雅趣横生，清香四溢。这又是食品雕刻的新发展，不仅可为席面增色，还是一种新颖别致的艺术盛器，可看作后人雕刻“冬瓜盅”“西瓜盅”的先导。

（6）明清时期。食品雕刻技艺在明清时期得到了全新的发展，制作技艺日臻完善，达到了更高的层次。这一时期，人物、禽鸟、花卉、鱼虫等雕刻大量出现，瓜雕尤其盛行。江苏扬州出现了闻名全国的西瓜盅、西瓜灯，其制作技艺相当精湛，原料选择西瓜，采用平面浮雕与镂空突环的雕刻技法，其中的突环变化无穷、妙趣横生，令人无不拍手称奇。《扬州画舫录》中有关于“西瓜灯”的记载：“取西瓜皮镂刻人物、花卉、虫鱼之戏，谓之西瓜灯。”康熙年间，进士黄之隽在《西瓜灯十八韵》中写道：“瓣少瓤多方脱手，绿深翠浅但存皮。纤锋剖出玲珑雪，薄质雕成宛转丝。”可见，当时食品雕刻技艺已相当精湛了。“西瓜灯”的典型制法之一是将西瓜镂空，利用外皮的绿色、内皮的白色、瓜瓤的红色，分层刻出蝴蝶等图案，瓜内放入蜡烛，空气流动，烛光闪闪，彩蝶飞舞，呼之欲出，煞是好看。这种“西瓜灯”专供欣赏，不供食用。

北京中秋赏月时，往往雕西瓜为莲瓣。此外，这个时期流行的瓜果雕刻制品还有冬瓜盅、西瓜盅，冬瓜盅以广东的闻名，瓜皮上雕有花纹，瓤内装有美味，赏瓜食馔，独具风味。这些都体现了古代中国厨师高超的技艺与巧思，至今被外国朋友赞誉为“中国厨师的绝技”和“东方饮食艺术的明珠”。

（7）民国时期。这一时期，达官贵人家的厨师运用食雕技艺展示自己的才华。据民间传说，张作霖过生日时，其家厨用荸荠刻一“寿”字切成百片用于汤中，张作霖大为高兴，大加奖赏家厨。

（8）中华人民共和国成立至今。中华人民共和国成立后，最初食品雕刻只是用于西餐宴席和招待外宾等重要场合。近些年来，食品雕刻技艺得到迅速发展和普遍应用，而且艺术性越来越高，品种花样越来越丰富多彩。当代烹饪工作者在继承和发展传统的食品雕刻技艺的基础上，大胆创新，不断进步。

中华人民共和国成立初期到 20 世纪 80 年代，雕花技术达到了较高的水平，到了 20 世纪 90 年代，食品雕刻的内容和类型越来越广，花鸟、鱼虫、兽禽、建筑、景观等形象开始在餐饮活动中出现，并且厨师队伍中开始分化出了专业的食品雕刻师，全国相继出现了高级食品雕刻培训班，涌现出一批食品雕刻艺术家，培养出大批的食品雕刻人才。

如今，无论国宴、大众酒席还是冷餐酒会均有食品雕刻的影子，尽管规格、标准和形式不一样，但在增添宴席情趣、渲染宴席气氛等方面都起到了积极的作用。

从过去只为皇宫王府、贵族阶级、名商巨贾独嗜，到现在为广大民众所共享；从过去品种单调、制作简单粗糙，到现在品种繁多、技艺细腻；从过去主题陈旧重复，思想性、艺术性和可食性难以协调，到现在题材新颖，思想性、艺术性和可食性有机结合，时代赋予了食品雕刻艺术新的思想和内容。尤其近半个世纪以来，食品雕刻艺术更是突飞猛进，采用“古为今用，洋为中用”方针，不断地推陈出新，有了突破性的发展，雕刻的种类由单纯的果蔬雕发展到糖雕等，雕品从过去只用于观赏发展到兼具观赏性和食用性，而且食品雕刻技艺也与冷盘拼摆技艺有机地结合了起来。

2. 我国食品雕刻的发展前景

中式国菜已驰名中外，当今中国的食品雕刻也在国际上享有很高的声誉，使很多国外友人赞叹不已。用发展眼光看，食品雕刻这门技艺有着广阔的前景。

如今，食品雕刻的应用领域已经从最初的菜肴装饰发展到酒店装饰、展台设计、宴会主题设计等，一个精致的食品雕刻作品甚至可以大幅度提高酒店品牌形象。鉴于这种情况，许多酒店都开始将食品雕刻设置成一个单独的岗位，该岗位也成为现代酒店稀缺的岗位之一。近几年来出现的糖雕更是以其绚烂的色彩和传统原料（萝卜、红菜头、马铃薯、冬瓜等）所不具备的金属光泽获得了整个行业的青睐，进一步加大了各大酒店对食品雕刻人才的需求。除此之外，食品雕刻与果酱绘画、糖艺等的结合也成为一大创新发展趋势，这对该领域的发展提出了又一个新的挑战。

从当今社会经济发展状况看，经济越发达，高档星级酒店就越多，人们的就餐艺术水准就越高，因此餐饮行业对食品雕刻人才的需求量也就越大。

随着人们对饮食的需求和对生活美的追求有了更高的标准，食品雕刻的艺术之花将更加绚烂多彩。

3. 我国食品雕刻行业的发展问题

（1）专业建设和课程改革滞后。全国各职业技术学院、各本科院校都很重视食品雕刻技术的教学，但是专业建设和课程改革仍跟不上社会的发展。

（2）教学方式陈旧。有些院校的教学方式多为传统的大班统一教学，很少从学生的实际出发进行个性化培养。对于大部分学生来说，这种传统的教学方式既耗费了大量的教学时间，又难以获得显著的成效，严重影响了食品雕刻行业的整体发展。

（3）技艺人才储备不足。技艺人才储备不足造成了不必要的经营损失。这里所指的技艺人才并不是狭义的专门的雕刻人才，而是指具有整体化专业技能的现代厨师。食雕工艺在现代社会里已成为一名中、高级厨师的重要基本技能之一，掌握食雕的基本技法对于每一个现代厨师来讲都是十分重要的。

（4）理论与技术欠缺。食品雕刻目前还没形成具体的理论体系，食品雕刻技术还存在很多问题，在使用上还有很多误区。解决这些问题，食品雕刻的发展才能有坚实基础。

食品雕刻技术作为烹饪技术的分支，其发展还依赖于烹饪行业的整体发展，应顺应烹饪行业的整体要求，符合人们的审美取向。食品雕刻应力求向简洁、明快、实用性强的方向发展，走上健康发展的道路。

相关链接

国外食品雕刻的发展

国外注重食品雕刻的国家主要是日本。日本厨师学习中国的食品雕刻技术后，将其应用于本国的料理。美国的食品雕刻作品在饭店中应用得较少，只在万圣节时，一些艺术家会用大南瓜雕刻出鬼怪的形象来烘托节日气氛，这些鬼斧神工的南瓜雕刻作品也极具创意。

七、食品雕刻的运用

食品雕刻题材广泛，品种繁多，既可装点美化席面，也可单独作为展台使用，还可用于国宴、冷餐会、婚宴等，应用比较广泛。

1. 食品雕刻在冷盘制作中的运用

一般宴席刚上桌的是数道冷盘（围碟），中间往往显得很空，如果结合宴席的主题，恰如其分地放入一组优雅的食品雕刻作品，无疑能大大地提高冷菜的价值和地位，烘托宴席气氛。

食品雕刻在冷盘中也可起点缀作用，即用一些可食性原料（如黄瓜、番茄、橙子、胡萝卜等）雕刻一些小型作品（如小型花卉、鱼虾、鸟类、器物等），使冷菜造型更加协调完美，在不影响冷菜食用性的基础上，提高了冷菜的观赏价值。

在运用的时候一定要根据宴会的性质、级别以及宾客的风俗习惯等选择合适的雕刻作品，注意整体的搭配和艺术效果。

2. 食品雕刻在热菜制作中的运用

食品雕刻本身就是为菜肴服务的，因此在热菜制作中也有应用。随着餐具与菜肴烹制的不断更新与发展，食品雕刻在热菜制作中的运用越来越广泛。

热菜在整个宴席中是菜肴的主体，所占的比例最大。好的菜肴需要好的盛器来搭配，如果盛器为精美的食雕作品，就会显得更加相得益彰，平添很多趣味。例如，把用鱼翅、燕窝等高档原料制作的菜肴放入精美的可食用的瓜盅内，会显得别具一格、高雅富贵。

食品雕刻在热菜制作中最普遍广泛的应用就是作为点缀物。热菜的盛器一般比冷盘的要大，这为食品雕刻提供了展示的舞台。烹饪作者可根据菜肴的特点进行适当的食品雕刻点缀，在菜肴的食用价值不受影响的前提下，提高热菜的观赏性。例如，制作“菊花凤尾虾”“牡丹鳜鱼”“梅花明虾”等菜肴时，可将这些菜品围摆于盘子的外围，中间点缀一个食品雕刻的鸟类，犹如小鸟嬉戏于百花丛中，使菜肴的整个造型更加富有情趣；莲藕包这道点心配以荷花、荷叶和莲藕，则构成了寓意和和美美、佳偶天成的“红莲佳藕包”，如图 2-1 所示；“糖醋鲤鱼”配一个小的食品雕刻的渔翁，菜肴马上变得生动，而且比单独放一条鱼有档次。

图 2-1 红莲佳藕包

3. 食品雕刻在展台中的组合运用

随着社会的日益发展，食品雕刻的应用范围也越来越广。

现代社会美食庆典、交流活动较为频繁，一些商家为造声势、塑品牌，经常举办各种形式的美食活动，在这些活动中，一般都有宣传企业形象的美食展台（又称看台），制作一组或几组反映主题的大型食品雕刻放置在展台中往往是商家的首选。这些大型食品雕刻作品与周围的经典美食相互呼应，形成一个整体，烘托整个台面的气氛，显示独特的艺术魅力。食品雕刻运用比较灵活，但要注意根据场合、活动性质以及来宾的风俗习惯等设计制作。

相关链接

食品雕刻展台制作注意事项

1. 准备要充分

展台制作前要投入足够的人力、物力和时间，保证在制作过程中不出现缺少原料或工具的低级错误。

2. 雕刻要精心

在雕刻展台上的每一件展示作品时都要求雕刻人员充分发挥技术特长，全身心投入，切不可出现马虎和粗制滥造的现象。

3. 保鲜要得当

展台的展示时间一般都在 1 天以上，而果蔬雕刻成品往往使用寿命较短，这就要求作品完成后应采取适当的保鲜措施，以使作品始终保持最佳外观效果。

4. 低成本，效果好

在设计展台时应做好分项预算和总预算，要力求低成本、效果好，避免不必要的浪费。

八、食品雕刻的特性

1. 文化性

饮食文化是人类文化的重要组成部分，食品雕刻文化是饮食文化中的明珠，在整个饮食文化中有着举足轻重的地位。因此，食品雕刻被定位为民族优秀文化、先进文化的一种体现方式。反过来说，要想制作出优秀而有文化底蕴的食品雕刻作品，食品雕刻工作者必须增强自身的文化素养。

2. 民族性

食品雕刻源于中国，在数千年的发展中积淀了深厚的民族文化底蕴，尤其是传统食品雕刻，带有鲜明的民族特征和独特意韵。同时，民族性也是食品雕刻创作的重要源泉，具有中华民族文化特色的食雕作品在国宴中大放异彩，成为外交活动中弘扬中华民族文化的重要载体。

3. 现代性

食品雕刻除继承传统外，也力求与时俱进，不断创新，使作品达到传统与现代的完美结合。

九、食品雕刻的特点

1. 原料丰富

食品雕刻的原料多选用蔬菜、瓜果等可食用性原料。蔬菜、瓜果品种繁多，形态各异，色泽丰富且独具美感，有其独有的优越性。

2. 题材多样

食品雕刻表现题材丰富多样，多传达吉祥、美好、健康、轻松、诙谐的内容，与宴席主题相符或能建立某种联系。

3. 刀具专业

食品雕刻有专用的特殊刀具，其与制作冷、热菜的刀具有很大的区别，操作方法也截然不同，一般形态小巧，针对性高，适用性强。现代食品雕刻刀具大多根据厨师自身的雕刻需要自行设计，具有小巧灵便、轻薄锋利、携带方便的特点。

4. 用途多样

食品雕刻应用场合多样，用来美化菜肴和装饰席面，观赏性大于食用性。

5. 保存时间短，艺术生命力有限

食品雕刻大多选用含水量较多的植物性原料，其极易腐烂、变质、干瘪，因此食品雕刻制品不能重复利用和长期保存，展示时间也短。可以说，食品雕刻是短暂的艺术或瞬时的艺术。

6. 技术性强

由于食品雕刻原料水分多，质地脆嫩，同时为使制品色泽、形态保持良好，因此要求雕刻者刀法纯熟、技艺精湛、操作速度快。

7. 观赏性和食用性

某些食品雕刻作品不仅可供欣赏，而且还可以食用。例如，将番茄、青椒、熟鸡蛋刻成花篮、小盒，装上肉馅、鱼茸、虾仁等，加工成熟后，既是美观的艺术品，又是一道美食。

学习单元 2

食品雕刻的原料

学习目标

1. 熟悉果蔬类食品雕刻原料
2. 了解非果蔬类食品雕刻原料
3. 了解非食用性雕刻原料

一、瓜类雕刻原料

瓜类原料可用于雕刻瓜盅、瓜灯、瓜盒、瓜杯等，以盛装菜肴及起到点缀作用。瓜雕的原料主要有冬瓜、西瓜和南瓜，此外还有哈密瓜、白兰瓜、黄河蜜瓜、伊丽莎白瓜、甜瓜、网纹瓜等。这些水果质地密实，色彩鲜艳，香气浓郁，可用于雕花篮、花瓶、瓜盒、瓜罐、船、粮囤等容器，这类容器具有美观、实用、可食、增香等功能。另外，黄瓜也可用于雕刻一些作品，如青蛙罐、小船、竹筒、金钱盒等，用这类作品盛装菜肴，色调美观，清香宜人。冬瓜适合浅刻浮雕。西瓜适合刻制“花式配菜”。体长实心的南瓜（牛腿瓜）适合雕刻各种花卉、鸟虫及大型立体造型。

相关链接

瓜雕

瓜雕主要是在整只瓜的表面进行凸雕和凹雕加工，制作较简单，要点在于表面图案的设计。

1. 瓜雕制品的主要种类

（1）瓜盅。瓜盅一般作盛器使用，由盅盖、盅体和底座（有些底座用瓷盘）三部分组成，盛装甜品和热菜等。

（2）瓜灯。瓜灯是专门用来观赏的雕刻制品，制作时，须在瓜表皮上雕刻出各种精美的透孔花纹图案及各种各样的突环和连扣，雕刻完毕后再挖出瓜瓤，内置点燃的蜡烛或通电的灯泡，光线透过瓜壁突环雕缝和镂空的空隙向外散射，形如灯笼。

2. 瓜雕的特点

（1）技法简单。因为瓜雕主要是在原料的表面上进行雕刻，且多以浮雕为主，所以技法要比整雕（立体雕）等简单。

（2）装饰效果自然和谐。因为各种瓜本身就是烹饪原料，所以用瓜雕来装饰菜肴、席面，显得融洽、和谐。

（3）艺术性较高。因为瓜类质地细腻，软硬适度，能表现丰富的细节，所以瓜雕制品往往艺术性高，装饰效果好。

（4）制作方便。因为瓜类原料充足，价格低廉，四季都有供应，因此瓜雕制作相对比较方便。

（5）实用性较高。因为瓜雕既能用于欣赏，又可作容器，而且有些容器类雕品本身也能食用，还可增加菜肴的香味，因此实用性很高。

3. 瓜雕制作注意事项

（1）揭盖。瓜雕在制作上一般先将原料表面的图案雕完后，再在原料的顶部或底部揭开一个圆形盖，最后挖去瓜瓤。瓜盅一定是在顶部揭盖；而瓜灯或者采用镂空雕的瓜雕制品在顶部、底部揭盖均可。

（2）挖瓤。冬瓜瓤、南瓜瓤要挖净。而在雕西瓜灯时，西瓜瓤不宜挖得太干净，要留一部分红瓤，这样在瓜内点燃蜡烛或点亮灯泡时会透出红色的光来，非常美观。挖冬瓜瓤、南瓜瓤时，可使用U形戳刀或挖球刀；挖西瓜瓤时，可使用炒菜用的手勺。

（3）配底座。瓜雕作品完成后，多会配上一个底座。一般选用相同种类的瓜切下一半或一小半，在其顶部旋下一圆盖，在侧面戳出装饰性的花纹，即可成底座，再将瓜雕主体安放在底座上。注意主体与底座之间要严丝合缝，不能有太大的间隙。底座表面上的装饰花纹要与瓜雕主体所表现的主题相一致。例如，主体内容是鱼虾、天鹅、白鹭等时，底座上最好雕浪花、水纹等；主体内容是龙、凤、麒麟等时，底座上最好雕云彩卷等。

（4）配饰。瓜雕作品完成后，可摆在餐桌上或餐盘中，为调节色彩、美化主体，可在周围装饰一些香芹、花卉，或雕刻一些小型鸟类、云彩卷、浪花、蝴蝶、蝈蝈等作装饰。

1. 冬瓜

冬瓜也称东瓜、白瓜、枕瓜、水芝、地芝等，其种类较多，适合雕刻的品种主要有青皮冬瓜和毛节瓜两种。这两种瓜在市场上最常见到。青皮冬瓜形体较大，呈长圆形，重量可达 5 000 g，表皮平整光滑，毛刺较少，颜色为墨绿色，适用于雕龙舟、冬瓜盅、冬瓜灯等大型作品。毛节瓜（也称节瓜）形体较小，重量多在 500～1 000 g，颜色为浅绿色或翠绿色，毛刺较多，质地细嫩，适用于雕小瓜盅。冬瓜中还有一种粉皮冬瓜，但由于其表面有一层厚厚的白色蜡粉，且毛刺过多，因此不适宜雕刻。

冬瓜形体大，肉厚实，呈椭圆形，皮呈暗绿色，外表有一层白色粉状物，肉质白中带绿，略透明（特别是在加热后）。皮内、外对比鲜明的特点使冬瓜适用于雕刻成冬瓜盅或冬瓜灯，以及假山、大型龙舟等造型。用于雕刻的冬瓜一般长 15～40 cm，直径 8～25 cm。小冬瓜可用于雕刻冬瓜盅，大冬瓜可用于雕刻平面镂空装饰图案等，专供欣赏。

相关链接

冬瓜雕

冬瓜雕的特点是色调素雅、纯净、脱俗，造型及雕刻手法也比较简单。传统粤菜里有一道名菜称为夜香冬瓜盅，即将鸡肉、鸭肉、猪肉等原料放在雕刻好的冬瓜盅内一同加热至熟（蒸熟）。这里的冬瓜盅既是供人欣赏的艺术品，又是这道菜肴的容器，同时还能供客人食用，可谓是一举多得。

现在的冬瓜雕主要有三种形式：

- 冬瓜盅，集容器、观赏、食用于一体；
- 冬瓜灯，即在表面上雕出各种图案后挖净瓜瓤，再挖去部分瓜肉使壁变薄，内置光源供客人欣赏，也可镂雕（小的作品可用于围边）；
- 小型冬瓜雕制品，如小型冬瓜雕盛器，即将冬瓜切成较小的块，再将其雕成鲤鱼、螃蟹、象棋子、金钱盒等小型容器盛装菜肴后一同加热成熟。

同南瓜相比，冬瓜的皮略老硬，肉质较厚，雕刻的时候会觉得质地略粗糙，不易表现出细节，因此冬瓜雕不能像南瓜雕那样将表皮完全削净，主要靠深绿色的瓜皮来表现各种艺术形象。

2. 西瓜

西瓜属葫芦科，原产于非洲，为大型浆果。瓜皮光滑，呈绿色（深绿色、嫩绿色等）或黄色；瓜瓤多汁，为红色或黄色。西瓜主要有椭圆形和圆形两种形状，从皮色上可分为有花纹西瓜和绿皮（无花纹）西瓜两种。用于瓜雕的西瓜最好选无花纹西瓜，圆形和椭圆形西瓜均可使用，且应选形状规则、表皮光滑、重量适中的西瓜。用于雕刻的西瓜一般直径为 15～20 cm。

西瓜一般用于雕刻西瓜盅、西瓜篮、西瓜灯等。当前，行业内还出现了利用西瓜皮雕刻鸟、兽、虫、鱼的作品，也有的只用瓜的红瓤雕刻金鱼、大丽花等。一般选用黑美人西瓜（青黑色的皮）来做瓜灯，即在西瓜的表皮做上花纹和环环相扣的套环，并把瓜瓤掏空，留下少许红色瓜瓤，在里面点上蜡烛，烛光透过红色的瓜瓤形成红色的光，非常漂亮。西瓜质地细腻，在其表皮上既能雕出精细的图案，又能挑出各式瓜灯套环，且无论是绿色的表皮、白色的内皮还是红色的瓜瓤均能用于雕刻，这是其他瓜类不能相比的。西瓜雕制品的特点是红绿相映，色彩美观，质地脆嫩新鲜，诱人食欲，装饰效果极佳。

相关链接

西瓜雕

1. 西瓜盅

西瓜盅用于盛装各种菜肴。一般情况下，西瓜盅多在盛夏季节使用，用于盛装果羹、凉菜、甜菜等，时令性较强，有时也可用于盛装热菜，如果连同菜肴一起加热，还能使菜肴吸取西瓜的清香味道。例如，孔府名菜“一卵孵双凤”（也称“西瓜鸡”）就是将雏鸡放入西瓜内加热至熟。

2. 西瓜灯

西瓜灯专供欣赏使用。西瓜灯多采用套环雕技法，也可采用镂空雕技法，或是将套环雕、镂空雕组合在一起使用。西瓜灯雕刻制品是高雅的雕刻艺术作品，能提高宴席档次，是调节宴席气氛的上等雕刻佳品。西瓜灯的形式千变万化，图案多为寓意吉祥的花卉、禽鸟、山水、人物等，还有以各种套环组成的图案。西瓜灯的构成主要是底座（1/3 高）和灯体（2/3 高）两部分。

在雕刻作品里，往往将两个以上的西瓜灯或西瓜灯和西瓜花篮组合在一起，这样的作品显得气势磅礴、宏伟壮观，在酒店、宾馆的开业庆典或一些大型宴会上会用到这类作品。

（1）西瓜灯的雕法。西瓜灯的雕法主要有阴纹浮雕（凹雕）、阳纹浮雕（凸雕）、镂空雕、悬浮雕四种，使用的主要刀具是刻线刀、V 形戳刀、U 形戳刀和主刀。

（2）西瓜灯的种类。西瓜灯的种类主要有坐灯、吊灯、腰鼓灯、花篮灯四类。

（3）西瓜灯的套环制作。西瓜灯中的组合套环雕刻是瓜雕的独门绝技，可谓千变万化、种类繁多，常见的基本套环有窗格环、三角环、方格环、圆形环，只要将两个相同或不同几何外形的基本套环互相组合，就能雕刻出很多种西瓜灯图案，这也正是西瓜灯雕刻的奥妙所在。很多初学者对雕刻西瓜灯的组合套环“望而生畏”，认为其很难雕，其实只要将基本套环雕刻练习好，那么很多复杂的套环雕刻也能顺利完成，而且可以在一个瓜体表面刻出两层甚至两层以上的套环、拉窗。

（4）西瓜灯的雕刻步骤。对于初学者来说，西瓜灯既美观漂亮又神奇玄妙，其玲珑剔透的图案、红绿相间的色彩、复杂精巧的套环、新鲜的质感让人叹为观止。

套环式西瓜灯的雕刻步骤如下。

1）根据构思，用圆规、画线笔、竹扦等在西瓜表面上画出图案，套环图案要布局合理、形状规则、大小相等、间距相同。

2）用刻线刀或木刻刀戳出装饰花边，这些装饰花边分布在套环图案的周围和空余地方，戳的时候力求线条粗细相等、深浅一致。

3）用挑环刀挑出各式套环，这是制作西瓜灯最重要的一个步骤。操作时，运刀要稳，注意力要集中，不要出现断条现象。为防止挑好的套环在转移至下面时与桌面接触而断开，可将挑好的套环按回原位，并在瓜底垫几块湿毛巾。

4）揭开瓜盖，挖净瓜瓤。带有花篮的西瓜灯可在顶部揭盖；不带有花篮的西瓜灯因为需要在顶部雕出各种图案，所以就要在底部揭盖。挖瓜瓤时，要留一些红瓤，这样会使瓜灯在点燃蜡烛（或灯泡）时透出红色的光来。

5）用手刀在套环底下将图案部分切开，使图案部分与整个西瓜分开，再将图案部分向外推出（由于两个方向的套环互相嵌套，图案部分不能彻底与西瓜分开）。

这一步骤对初学者来说最容易出错，一定要在套环的底下将瓜皮切开。需要注意的是，在套环底下下刀将瓜皮切开时，容易将刀背上面的套环碰断（因为瓜皮含水量较大，质地脆嫩），为解决这一问题，可将套环挑起来使之向外张开（即不要再与瓜体接触），这样套环与空气接触一会儿后会由于脱水而变得有韧性，不易断裂。西瓜灯只有在全部雕刻过程完成后才可放入水中浸泡或喷淋清水。

6）将瓜灯与底座、花篮组合在一起，点上蜡烛或小电灯泡。

瓜灯与底座、花篮之间可用长竹扦子加以固定。如果是将雕好的 3～4 个瓜灯摆起来放置，可在瓜灯内立一个金属支架，以防止歪斜倒塌。花篮内既可摆放鲜花，也可放一些水果，如桃子、苹果、香蕉、橙子等。

简单的瓜灯可在瓜内点燃一支蜡烛，蜡烛的上方要雕成镂空式，以使热量迅速散发掉。复杂的瓜灯可在瓜内点小电灯泡或五彩花灯，不过在安装时一定要注意安全，避免漏电伤人。

3. 其他西瓜雕

现在的厨师在制作果盘时，会用西瓜皮雕一些立体造型来作点缀，即将小块西瓜皮片薄，再雕（或切）成平面的树、草、花、鸟等，或将西瓜瓤雕成简单的鸟、龙、凤等，这也可算是一种特殊的西瓜雕。将瓜皮削去，用西瓜瓤雕出牡丹花、月季花、大丽花，或龙、凤、鲤鱼等形象，这类作品多用于高档宴席或自助餐、鸡尾酒会的展台。

3. 南瓜

南瓜是葫芦科南瓜属植物，因产地不同，叫法各异，又称麦瓜、番瓜、倭瓜、金冬瓜等，原产于北美洲。南瓜在我国各地都有栽种，是夏秋季节的瓜菜之一。南瓜实心部分比较多，肉质厚实，种类繁多，有弯的、直的、长的、圆的等，颜色纯净。外皮未成熟时呈绿色，成熟之后呈棕黄色、黄绿色、红褐色；瓜肉未成熟之前呈绿色，成熟之后则呈金黄色。南瓜由于肉质肥厚，可用来雕刻大型食雕，适合雕刻黄颜色的花卉如菊花、月季等，各种鸟类，大型动物，人物，亭台楼阁，以及南瓜盅等。因为南瓜易于雕刻，表现作品效果好，所以是食品雕刻理想的原料。

我国各地有很多不同的南瓜品种，均可用于雕刻，比较常用的如下：

- 京红栗南瓜，呈扁圆形，大小适中，表皮光滑，表皮和瓜肉均为金红色，所以也称金瓜、京瓜。
- 京绿栗南瓜，呈扁圆形，表皮绿色，有花纹，肉质厚，质地嫩。
- 牛腿瓜，形体较大、较长，粗似牛腿，表皮呈黑绿色，实心部分多，肉质呈淡黄或金黄色，实心部分特别适用于雕刻人物、花鸟等整雕作品，也可进行浮雕、镂空雕。

南瓜可雕刻成南瓜盅、龙舟、凤船、粮囤、花篮等容器类作品，用来盛装各种菜肴，也可雕成专供欣赏的浮雕或镂空雕作品（如各式南瓜灯）。由于南瓜肉质多为金黄色或淡黄色，且质地细腻、软硬适中，易于雕刻，作品能表现丰富的细节，因此是瓜雕中的首选原料。南瓜的另一个特点是价格便宜，容易保存，一年四季均有供应，因此取材也很方便。

南瓜雕刻作品如图 2-2 所示。

图 2-2　南瓜雕刻作品

4. 黄瓜

黄瓜皮绿肉白，多选用新鲜、光滑、圆直、肉厚者进行雕刻。黄瓜皮可用于雕刻平面图案，作为拼摆陪衬之用；瓜肉可用于雕刻小型花卉；致密、色碧绿的根部是雕刻蝈蝈、螳螂、蜻蜓等昆虫的理想原料。整根黄瓜多用于旋刻双喇叭花或其他点缀性的叶片等，也可制成凤尾作盘饰。

5. 西葫芦

西葫芦呈长圆形，外皮为深绿色或黄褐色，肉呈青白色或淡黄色，肉质比南瓜的稍嫩，可用于雕刻渔舟、人物、花卉、孔雀灯、山水风景等。

二、果类雕刻原料

1. 苹果

苹果是蔷薇科苹果属植物，为落叶乔木。苹果营养价值很高，富含矿物质和维生素，含钙量丰富，有助于代谢掉体内多余盐分。苹果酸可代谢热量，防止下半身肥胖。苹果是一种低热量的食物，富含纤维素。苹果中的营养成分可溶性大，易被人体吸收。

苹果肉质软嫩，呈淡黄色，外皮有红色、青色、黄色之分，呈圆形，直径 7～10 cm。可雕刻苹果有国产和进口之分，品种繁多，适用于雕刻各种装饰花、鸟等，也可作苹果盅等。

2. 梨

梨大多数是落叶乔木或灌木，极少数为常绿品种，属于被子植物门双子叶植物纲蔷薇科梨属植物。叶片多呈卵形，大小因品种不同而各异。花为白色，或略带黄色、粉红色，有五瓣。果实有圆形、椭圆形的，也有基部较细、尾部较粗的“梨形”的。不同品种的果皮颜色也不同，有黄色、绿色、黄中带绿、绿中带黄、黄褐色、绿褐色、红褐色、褐色等，个别品种呈紫红色。野生梨的果径较小，在 1～4 cm 之间；人工培植品种的果径可达 8 cm，长度可达 18 cm。

梨的果实通常用来食用，不仅汁多味美，甜中带酸，而且营养丰富，含有多种维生素和纤维素。梨既可生食，也可蒸煮后食用。在医疗功效上，梨可以通便秘，利消化，对心血管也有好处。在民间，梨还有一种疗效，把梨去核，放入冰糖，蒸煮过后食用还可以止咳。除了作为水果食用以外，梨还可以作观赏之用。

梨肉质脆嫩，色白，可用于雕刻佛手、作梨盅等。

3. 白果

银杏果俗称白果。银杏在中国、日本、朝鲜、韩国、加拿大、新西兰、澳大利亚、美国、法国、俄罗斯等国家均大量分布。银杏的自然地理分布范围很广。从纬度自然分布状况看，北纬 30° 附近的银杏东西分布的距离最长。

白果含有多种营养元素，除蛋白质、脂肪、糖类之外，还含有维生素 C、核黄素（维生素 B_2）、胡萝卜素、钙、磷、铁、钾、镁等，以及银杏酸、白果酚等特殊成分。白果具有益肺气、治咳喘、止带浊、缩小便、平皴皱、护血管、增加血流量等食疗作用。根据现代医学研究，银杏还具有疏通血管、改善大脑功能、延缓大脑衰老、增强记忆能力、改善老年痴呆症和脑供血不足等功效。

白果皮色淡黄，有硬壳，呈椭圆形，直径约为 1.5 cm，肉质软嫩，色黄绿。熟白果去壳后可用于雕刻蜡梅花。

4. 樱桃

樱桃古名莺桃（据说是因为黄莺喜欢啄食的缘故），又称含桃。樱桃果形颇似桃，而又圆如璎珠，因此得名。

古书记载："樱桃，旧不著所出州土，今处处有之，而洛中、南都者最盛，其实熟时深红色者谓之朱樱，正黄明者谓之腊樱……其木多阴，最先百果而熟，故古多贵之。"

樱桃在中国久经栽培，品种颇多，供食用，其枝、叶、根、花也可供药用。除了鲜食外，樱桃还可以加工制作成樱桃酱、樱桃汁、樱桃罐头、樱桃果脯、樱桃露酒等，具有艳红的色泽和杏仁般的香气，食之使人迷醉。樱桃也是较好的菜肴配料。

樱桃产于春季，皮、肉均呈鲜红色，呈椭圆形，直径约为 1.2 cm。樱桃肉质细嫩，色泽鲜红，可用于雕刻红梅花等小花，常用于拼盘制作。

5. 车厘子

车厘子又称美国大樱桃，红车厘子较常见，色泽红艳光洁，玲珑如玛瑙宝石一般，味道甘甜带有一丝酸味，既可鲜食，又可腌制，或作为其他菜肴食品的点缀。

车厘子可用于雕刻小花，常用于拼摆和装饰点缀。

三、根类雕刻原料

1. 萝卜

萝卜又名莱菔，有长圆形、球形、圆锥形等，皮有红色、绿色、白色、粉红色、紫色等。萝卜在我国各地均有栽培，品种极多，常见的有长白萝卜、青萝卜、红萝卜、心里美萝卜、胡萝卜等。萝卜是常用的食品雕刻原料之一，其颜色丰富。

（1）长白萝卜。长白萝卜外皮洁白，呈长圆柱形，体大肉厚，长 15～40 cm，直径为 6～8 cm。白萝卜肉质细嫩，色白，网纹细密。长白萝卜可用于雕刻各种人物、花卉、鸟类、盆果、山石等，也可用于大型立雕造型，用途较广。应选用体大、圆、滑、实心、新鲜者进行雕刻。长白萝卜雕刻作品如图 2-3 所示。

（2）青萝卜。青萝卜呈长圆形或短圆形，皮青肉绿，质地致密，组织脆嫩，网纹较细，形体较大，长 15～18 cm，直径为 6～8 cm，适用于雕刻形体较大的龙凤（包括龙舟和凤舟）、孔雀、草虫、风景、人物、花卉、花瓶等，也可雕作水浪、云彩、树叶等。青萝卜雕刻作品如图 2-4 所示。

图 2-3　长白萝卜雕刻作品

图 2-4　青萝卜雕刻作品

（3）红萝卜。红萝卜皮红心白，质地细嫩，可用于雕刻各种形状的花朵，如月季花、牡丹花等，也适合雕一些小鸟或小东西来作盘饰。大而圆的红萝卜可用于雕刻“萝卜灯”。

（4）心里美萝卜。心里美萝卜呈球形，体大肉厚，色泽鲜艳，质地脆嫩而有韧性，外皮呈淡绿色，肉总体呈粉红、玫瑰红、紫红色等，肉心一般呈紫红，长 10～15 cm，直径为 10～15 cm。由于心里美萝卜的颜色与某些花朵的颜色相似，因此用其雕出的花形象逼真，是雕花的绝好原料，适用于雕刻各种复瓣花朵，如牡丹花、月季花等。心里美萝卜雕刻作品如图 2-5 所示。

图 2-5 心里美萝卜雕刻作品

（5）胡萝卜。胡萝卜为圆锥形或圆柱形，呈紫红、橘红、黄色或白色，肉质致密有香味。胡萝卜长 15～20 cm，直径为 3～4 cm，一般适用于雕刻红色、黄色的小花朵，如梅花、迎春花、小草菊，以及某些大中型花朵的花蕊，也常用来雕刻各种飞禽及其喙、爪，装饰性圆柱，昆虫等。

2. 红薯

红薯又名番薯、甘薯、山芋、地瓜、红苕、线苕、白薯、金薯、甜薯、朱薯、枕薯等。红薯长约 20 cm，直径约为 10 cm，有纺锤形、圆筒形、椭圆形、球形等形状，皮色有白色、淡黄色、黄色、黄褐色、红色、淡红色、紫红色等，肉色有白黄色、黄色、淡黄色、橘红色、紫红色等。红薯可用于雕刻小型的鸟、孔雀头、龙爪、花卉、马、牛等，但由于其色泽易变黑，须用水浸泡，又由于其含淀粉较多，表面干涩，因此不常用。

3. 紫菜头

紫菜头也称红菜头、紫根甜菜，为藜科甜菜属。紫菜头的皮和肉呈玫瑰红或紫红或深红，色彩浓艳润泽，间或有美观的纹路，呈球形，直径约 12 cm，是雕刻牡丹花、荷花、菊花、月季花、蝴蝶花等的理想原料。

4. 芜菁

芜菁肉质较老，皮色青中带白，纤维较多，肉色白，体型较大，长约 15 cm，直径约为 18 cm，可用于雕刻小型建筑物和各种动物。

四、茎类雕刻原料

1. 马铃薯

马铃薯即土豆，肉厚，质脆嫩，外皮呈褐色，肉呈白色或白中带黄，外形呈椭圆形，直径为 6~9 cm。马铃薯可用于雕刻各种小动物、花卉。体大肉白者是雕刻仙鹤的理想原料，因其上色度较好。使用时，须用水浸泡，以免变黑。

2. 苤蓝

苤蓝又称擘蓝、土苤、茄莲、球茎甘蓝等，为十字花科二年生草本植物，皮色有绿色、绿白色、紫色三种，按生长期长短可分为早熟品种、中熟品种和晚熟品种。

早熟品种植株矮小，叶片少而小，代表品种有北京早白、天津小缨子等。中、晚熟品种植株生长势强，叶片多而大，代表品种有笨苤蓝、大同松根、云南长擘蓝等。

苤蓝呈圆形或扁圆形，肉厚，肉呈淡绿色，直径约为 12 cm，可用于雕刻花卉、鸟、鱼等。

3. 莴笋

莴笋又名青笋，为菊科一年生或二年生草本植物，原产于地中海沿岸，7 世纪初经西亚传入我国，各地普遍栽培。莴笋分茎用和叶用两种，前者各地都有栽培，后者南方栽培较多，是春、秋、冬季重要的蔬菜之一。莴笋肉质细嫩而润泽如玉，多呈翠绿色、嫩绿色，也有白中泛绿的，呈长条形，长约 24 cm，直径约为 3 cm。应选色深、肥圆、长而鲜嫩者进行雕刻。莴笋适用于雕刻小型恢恢龙、翠鸟、青蛙、对虾、螳螂、蝈蝈，各种花卉，以及镯、簪、服饰、绣球等，也适用于制作花式配菜。

4. 洋葱

洋葱质地柔软、脆嫩，有自然层次，肉色白中带红，呈扁圆形，直径约为 6 cm。洋葱因色泽美观，可用于雕刻各种复瓣花朵，如荷花、睡莲、玉兰花、小型菊花等。宜选用肥大、厚实而完整者。

5. 芋头

芋头是多年生植物，常作一年生作物栽培。有球形、卵形、椭圆形、块状等。能用来雕刻的芋头品种很多，如四川和云南产的人头芋、广西产的荔浦芋头、湖南产的槟榔芋。四川和云南产的人头芋个头比较大，肉色呈乳白色，极为纯净，用其雕刻的动物、人物线条清晰。荔浦芋头质地细密，体形较大，适用于雕刻各种中小型鸟、兽、鱼、虫等，因其具有天然的色泽并带有黑褐色规则的花纹，用它作原料雕刻梅花鹿、顽童等，能给作品增色不少。

6. 姜

姜肉色嫩黄，皮色淡黄，质地较粗，可用于雕刻山石、鱼、虫、花形片料等，也可切丝斩末作花蕊等，有配形、点色、起香、去腥作用，多选用肥大完整新鲜者。

7. 蒜头

大蒜的整棵植株都具有强烈辛辣的蒜臭味，蒜头、蒜叶（青蒜或蒜苗）和蒜薹均可作蔬菜食用，不仅可作调味料，而且可入药，是著名的药食两用植物。

蒜头中含有丰富的蛋白质、多糖，另外还有脂肪、矿物质等。大蒜具有多方面的生物活性成分，具有防治心血管疾病、抗肿瘤、抗病原微生物等作用，长期食用可防病保健。

蒜头皮白灰，肉细密洁白，可用于雕刻小型的玉兰花等。

8. 冬笋

冬笋是立冬前后由毛竹（楠竹）的地下茎（竹鞭）侧芽发育而成的笋芽，因尚未出土，笋质幼嫩，是十分受喜爱的食材。冬笋的主要产区为贵州、四川、福建、江西、浙江、湖南、广西等地，其中，贵州赤水冬笋因土质等原因草酸含量低，可以直接炒，有“不过水不麻口”的特点。

冬笋是一种富有营养价值并具有医药功能的美味食材，质嫩味鲜，清脆爽口，含有丰富的蛋白质和多种氨基酸、维生素，以及钙、磷、铁等无机盐以及丰富的纤维素，能促进肠道蠕动，既有助于消化，又能预防便秘和结肠癌发生。冬笋是一种高蛋白、低淀粉食物，其所含的多糖物质还具有一定的抗癌作用。冬笋含有较多草酸，与钙结合会形成草酸钙，患尿道结石、肾炎的人不宜多食。

冬笋肉色淡黄，质地脆嫩，呈圆锥形，长约 10 cm，直径约为 6 cm，可用于雕刻小竹桥等。

9. 茭白

茭白肉质细嫩，色泽洁白，皮呈绿色，呈长条形，长约 18 cm，直径约 3 cm。宜选用鲜嫩、肥圆、长直、无黑心者用于雕刻，尤其适用于雕刻白兰花、佛手等。

10. 荸荠

荸荠是莎草科荸荠属植物。匍匐根状茎瘦长；秆多数，丛生，笔直，细长，呈圆柱状，高 40～100 cm，直径 2～3 mm，呈灰绿色，光滑无毛。花果期一般为5—10 月。

荸荠（同名植物的地下膨大球茎）是中国的特色蔬菜之一，可以生食、熟食，尤其适用于制作罐头（称为“清水马蹄”），是菜馆的主要佐料之一。荸荠可用于提取淀粉，荸荠粉与藕粉、菱粉称为“淀粉三魁”，性寒味甘，能益气安中。

荸荠呈扁圆形，肉质脆嫩，色泽洁白，皮呈褐色，直径约为 3 cm，可用于雕刻宝塔花等。

五、茄果类雕刻原料

1. 茄子

这里说的茄子是指同名植物可供蔬食的果实，从形态上可分为长茄和圆茄。

长茄呈细长棒状，可长达 30 cm 以上，皮色为紫色、绿色、淡绿色。

圆茄呈圆球形、扁球形或椭圆球形，皮色为紫色、黑紫色、红紫色、绿白色。圆茄品种不耐湿热，中国北方栽培较多，多数属中晚熟品种，主要有北京大红袍、六叶茄、九叶茄，以及山东大红袍、天津二苠茄等。

茄子主要用于雕刻企鹅等小动物，利用其表皮颜色可作其他雕刻品的点缀。

2. 番茄

番茄果实多汁且营养丰富，具有特殊风味，可以生食、煮食，加工制成番茄酱、番茄汁或整果罐藏。番茄的品种极多，形状有圆形、扁圆形、长圆形、尖圆形，果皮颜色有大红色、粉红色、橙红色和黄色。

红色番茄果色火红，一般呈微扁圆球形，脐小，肉厚，口感沙甜，汁多爽口，风味佳，生食、熟食皆可，还可加工成番茄酱、番茄汁。粉红番茄果色粉红，近圆球形，脐小，味酸甜适度，品质较佳。黄色番茄果色橘黄，果大，呈圆球形，果肉厚，肉质又面又沙，生食味淡，宜熟食。

番茄一般以果形周正，无裂口、虫咬痕迹，成熟适度，酸甜适口，肉肥厚，心室小者为佳。宜选择成熟适度的番茄，不仅口味好，而且营养价值高。

番茄肉质细嫩，色泽鲜艳，直径为 3～8 cm，可用于雕刻各种单瓣花朵，如荷花等。

3. 辣椒

辣椒种类很多，有尖头和圆头的，颜色有青色、红色、黄色、白色等。辣椒多用于雕刻各种花朵，尖红椒可用于雕刻石榴花等，圆头椒可用于雕刻玫瑰花叶等。辣椒也可用于雕刻小型动物，如青蛙等。灯笼椒可作小盅，内置炒好的热菜上桌。

六、叶菜类雕刻原料

叶菜类雕刻原料主要为大白菜，其颜色有青白色、黄白色两种，色泽清爽淡雅，有自然层次，常用于雕刻菊花等花卉。此外，大白菜也常用来作为花卉、花盆及人物造型中衣裙的填衬物。使用前，一般剥去其外帮，切去上半截叶子，留下半截靠根部的菜梗。大白菜的菜梗虽脆嫩多汁，但由于纵向纤维较多，施刀时其组织不易脱落。

蔬菜类雕刻原料须选用新鲜、脆嫩、无筋质、肉质厚实、形体端正、色泽光洁、平滑的个体，还应充分运用原料的自然色彩设计造型。所选个体还应符合所刻造型的大小，而不应以小求大或以大取小，造成一定的经费损失。

七、其他蔬菜类雕刻原料

大葱又名长葱，葱白部分细长，呈圆柱形，外观整齐，组织层次紧密，适用于雕刻小型花朵，如小型菊花等。

■ 除以上可直接用于雕刻的原料外，青椒、香菜、芹菜、红樱桃、赤小豆等原料还可用来做雕刻作品的装饰物。

八、非果蔬类食品雕刻原料

1. 蛋肉类

用于食品雕刻的原料除了蔬菜类原料，还有经过加工良好结块的蛋糕、肉糕等。

（1）蛋类雕刻原料。蛋类雕刻原料有鸡蛋、鸭蛋、皮蛋、鹌鹑蛋、鸽子蛋等，这些原料通过加热成熟后能用于雕刻花篮、荷花、小鸡、小鸭等。另外，蛋类雕刻原料还包括黄蛋糕、白蛋糕等蛋糕，用途更为广泛，可拼制或雕刻成各种各样的动植物形象。

1）整蛋。鸡蛋、鸭蛋等加工成熟后，可改刀成形，用以点缀鸟的嘴、眼、翅等，也可用于雕刻仙桃、荷花、金鱼、玉兔、小鹿、小猪等。煮熟去壳的鸭蛋可用于雕刻花篮等。煮熟去壳的鸡蛋可用于雕刻小白兔、熊猫、小白猪等。

2）蛋糕。将蛋液调以淀粉、食盐蒸熟即成蛋糕。蛋糕有黄蛋糕、白蛋糕、黑白蛋糕、鸡蛋糕等，块面大小可根据需要而定，常用于雕刻鸟兽、花卉、建筑物等。

①黄蛋糕。黄蛋糕是用鸡蛋黄加盐等调料蒸熟而成，呈块形。黄蛋糕有韧性，色泽金黄，用途较广，可用于雕刻人物、花卉、动物等。

②白蛋糕。白蛋糕是用鸡蛋清加盐等调料蒸熟而成，呈块形。白蛋糕质地细嫩，色泽洁白，可用于雕刻花卉、动物等。

③黑白蛋糕。黑白蛋糕是用鸡蛋清、皮蛋小丁加盐等调料蒸熟而成，呈块形。

黑白蛋糕有韧性，色黑白，可用于雕刻各种宝塔等。

④鸡蛋糕。鸡蛋糕是用鸡蛋黄和鸡蛋清制成，有红色、白色、黄色、绿色（用植物汁染成），可用于雕刻龙头、凤头、孔雀头、亭阁以及较简单的花卉等。雕刻时，要选用面积大、厚度足、质地均匀细腻、着色一致的糕块。

（2）肉类雕刻原料

1）肉糕类。午餐肉、鱼胶糕等肉糕主要用来雕刻和展示宝塔、桥等的轮廓，还可用作雕刻翅膀、羽毛等的原料。

2）熟食制品类。熟食制品主要是经加工、烹调的冷菜，如五香牛肉、卤鸡、油鸡、盐水鸭、酱鹅、卤冬菇等，可用于雕刻假山、鸟的羽毛、鱼的鳞片、花瓣等形态。

2. 糖

糖雕又称糖艺，是用白砂糖、糖粉、蛋清等经过加工后雕成不同形象的加工工艺。糖雕作品由于造型美观，色彩艳丽，令人耳目一新。

糖雕采用糖粉和脆糖工艺制作，由糖粉与蛋清、柠檬汁制成的糖粉膏可通过使用不同的裱花嘴，挤出不同的花朵、叶子、人物、动物等造型，还可用于大型蛋糕的挂边、挤面、拉线装饰。由糖粉与蛋清、鱼胶、葡萄糖、色素、柠檬汁制成的糖粉面坯制品是各种高级宴会甜点、大型结婚蛋糕、立体装饰物常用的装饰品。将白砂糖、葡萄糖和柠檬酸上火熬至特定的温度，加入各种颜色的色素，又制成一种独特的装饰原料——脆糖，用脆糖可制成花朵、树木、叶子等，制品形象逼真、晶莹剔透、色彩斑斓、立体感强，在室温下可保持较长时间，不易因受潮、受热而变质。糖雕是制作大型装饰品的首选类型。

相关链接

糖艺在中西方的发展

现代糖艺在欧美国家比较发达，主要用于装饰西点蛋糕和制作展台等。在国外，糖艺是衡量厨师技术水平的一个重要标志。在国际烹饪大赛上，糖艺比赛是很重要的一个项目。糖艺是西点师傅的一项基本功。糖艺制品和巧克力、新鲜水果搭配使用，构成西点装饰中的完美组合。小型糖雕作品放在盘子的边缘装饰美化菜肴。大型糖雕作品放在宴饮环境中装点美化，提高宴饮档次。

中国是一个烹饪大国，中国的餐饮文化博大精深，但糖艺在中国还是一个新生事物。经过短短几年，糖艺已经在中国迅速发展起来。近几年来，在我国各地举办的各类烹饪比赛或大型展览上，中餐厨师采用糖粉和脆糖工艺制作的食品越来越多，相信糖艺技术将来在中国的餐饮业会有更大的发展空间。

中国的现代糖艺主要是从国外引进的，目前的糖艺作品在题材选择、构图方式、表现手法上均流露出典型的西方文化印记。中国人的审美讲究寓意、借景生情，表达方式委婉含蓄。例如，中国婚宴上用龙凤、鸳鸯、仙鹤、天鹅来表达祝福，而西方婚宴上多用一对身着婚纱的小糖人。目前，中国厨师正将糖艺与中国烹饪文化相结合，制作具有东方情调的糖艺作品，朝着洋为中用、中西合璧、推陈出新的方向发展。

3. 琼脂

将琼脂经水泡后放入容器中，加热使其融化后倒入形状规则的容器内，加果蔬汁或色素调匀，待冷却后可雕刻成花、鸟、鱼、虫等形象。与其他雕刻相比，琼脂雕的原料不受地域、季节限制，成品晶莹剔透、润泽如玉，给人以强烈的视觉美感。由于原料的初坯、成品及废料均可反复使用，因此能有效地降低原料成本。

琼脂雕作品使用和存放的时间较长，作品可大可小，可根据需要来设计。琼脂雕可作冷菜或热菜的盘边装饰，可取代果蔬雕刻作品或冷盘作看盘用，可在冷餐会、鸡尾酒会上作台面陈列等。

4. 豆腐

豆腐作为食品原料也可进行雕刻。可将豆腐放在一平面器具上进行雕刻；也可将豆腐淹没在清水中进行雕刻，以便于剔除废料。在雕刻时，要下刀准确，一次成形，以使整个作品浑然一体。豆腐水分含量高，质地细嫩，极易破碎，雕刻难度大，因此多适于制作简单造型。有些复杂造型的豆腐雕是用模具制成的。

5. 巧克力

巧克力是以可可制品（可可液块、可可粉、可可脂）、白砂糖、乳制品和食品添加剂等为基本原料，经混合、精磨、精炼、调温、浇模、成形等科学加工而成的固态食品，具有独特的色、香、味，质感细腻润滑。

巧克力颜色一般有三种，即黑色、棕色和白色。黑色巧克力含糖量较低，味道比较苦；棕色巧克力即牛奶巧克力，口感非常好，深受人们欢迎；白色巧克力是用可可油与奶和糖混合在一起制成的，并不是严格意义上的巧克力，因没有加入可可粉，但用其添加油性色素便可以调制出各种颜色的巧克力。

巧克力雕是用巧克力制作成各种不同的花、鸟、鱼、虫、人物、景观等美好形象，以装饰美化菜肴、烘托宴会气氛的一种雕刻技艺。

（1）巧克力雕的特点

1）食用性强。巧克力口感香甜，食用性强，应用较广。

2）可塑性强。巧克力具有可塑性强的特点，能够塑成各种形象。

3）装饰效果突出。由于巧克力能够塑成各种形象，用其雕塑吉祥美好的形象，装饰效果特别突出。

4）可回收反复使用。巧克力作品成形后，还可以回收再塑成其他不同的造型。

（2）巧克力雕的应用

1）将巧克力插件放在盘子的边缘装饰美化菜肴。

2）将大型巧克力雕放在宴饮环境中，装点美化环境，提高宴饮档次。

九、非食用性雕刻原料

除以上食品雕刻原料外，烹饪中还会涉及用黄油、冰与泡沫进行雕刻造型，即黄油雕、冰雕与泡沫雕。这三者虽不属于食品雕刻范畴，但属于烹饪行业也会涉及的雕刻类型，与食品雕刻一起构成行业内完整的雕刻体系。

1. 黄油

黄油雕又称奶油雕，是最近几年发展较快的一种食品雕刻新形式，是用一种人造黄油——麦淇淋作为原料，雕刻花、鸟、鱼、虫、人物、景物等形象，用于装饰美化宴饮环境的一种装饰技术。

黄油雕是最早源于西方的一种食品雕塑，常见于大型自助餐酒会及各种美食节的展台，可以提高宴会的档次，营造高雅的就餐环境。一般选用硬度大、可塑性强的人造黄油为雕刻原料。小件的黄油雕作品可以直接用手捏出来，用于盘中装饰。用于装饰展台等的大型作品则先要根据作品形态做一个支架，就像人体的骨骼一样。因为大型作品光靠黄油是很难长时间维持稳定的，所以要用到牙签、竹片、木头等简单的工具。

与果蔬雕不同的是，果蔬雕是由表到里去掉多余的部分，是一个减料的过程，而黄油雕则是一个加料的过程，即要先扎好坯架，再往上面添加涂抹黄油。这种采用加料法的黄油雕一般坯架扎到哪里，料就可以加到哪里，在空间走势上可以随心所欲，并且不用担心受原料形状的限制。这是黄油雕的一大优势。

相关链接

麦淇淋

制作黄油雕的原料并非天然黄油，而是一种人造黄油，其形态和口感跟天然黄油很相似，但在价格上却便宜很多。人造黄油在国外被称为“margarine”，这一名称是从希腊语 margaron（珍珠）一词转化而来的，因在制作过程中人造黄油流动的油脂拥有迷人的光泽而命名。根据其英文发音，人造黄油便有了另一个译名——麦淇淋。麦淇淋一般有黄、白两种颜色。其中，黄色麦淇淋为仿效天然黄油的色泽而加入了β- 胡萝卜素，这种黄油具有含水量少、黏性强、可塑性强、熔点高、易贮藏等特点，因此受到了许多专业人士的青睐。白色麦淇淋习惯上称作人造奶油。

2. 冰

冰是水在 0 ℃以下结冻而成的，具有一定的硬度，清澈透明。用冰雕塑堆砌各种动物、人物及建筑，非常美丽壮观。当用冰雕塑的动物、人物形象装饰餐桌时，更显别致，引人注目。冰能雕刻成盛器盛装菜肴，也能雕刻成花鸟、人物形象等，现在许多宴会、鸡尾酒会、冷餐会中常用冰雕作为装饰物。冰雕装饰物一般需要用不同颜色的投射灯光来照射，以增添冰雕装饰的质感与感染力，衬托其美感，增强效果。

冰雕是一种以冰为主要材料雕刻出各种不同的造型用以装饰美化菜肴和美化宴饮环境的艺术形式。冰雕分为圆雕、浮雕和透雕三种。冰雕作品的形象一般分为动物类、植物类、器物类、景物类、人物类五种。冰雕与其他雕塑一样，讲究工具使用、表面处理、刀痕刻迹，但由于冰无色、透明，具有折射光线的作用，因此雕刻出的形象立体感不强。为弥补这一缺陷，造型时多采用石雕和木雕手法，强调体面关系，突出形体基本特征，力求轮廓鲜明，在此基础上精雕细刻或者实行两面雕刻，使雕痕纵横交错，在光线反射作用下，尤显玲珑剔透，从而取得远视、近视俱佳的观赏效果。

我国东北地区很早就有凿取河水结成的冰雕成简单形状以盛物的做法。16 世纪末期的意大利，人们用小冰桶来制作并冷冻早期的冰激凌。1892 年，厨艺大师奥格斯特 · 易斯柯飞指导伦敦萨沃伊酒店的厨房工作人员制作了著名的“蜜桃冰激凌”，它是以冰雕天鹅的形式呈现的。近年来，冰雕技术发展较快，其制作工艺有两种：一种是将水放入冰雕模具盒内，经冻结后即成各种象形物或器物，可直接用于装饰菜点；另一种是选用冰块堆砌后雕刻而成的大型立体冰雕造型。前一种多用于餐桌上，后一种多用于大型展台上。

因冰的特性，在热带地区，冰雕是不常见的。要仔细选择适合冰雕的冰。理想的冰应该由纯净的水制成，这样才有很高的透明度。如果不是在严寒地带做冰雕，那么通常需要到大型冰库去雕刻。

冰库中的冰按颜色分为三种，即白色的冰、透明的冰和彩色的冰。白色的冰不是用纯净的水制成的，呈白色，有一定透明度；透明的冰晶莹剔透，没有一丝杂质；彩色的冰有黄色、红色、紫色等色彩。

制冰很有讲究。据了解，最容易制成的冰是白色的冰，普通的水冰冻制成的就是白色的冰。白色的冰常用作冰雕作品的基础部分，用量最大。制作最麻烦的是透明的冰，其是用纯净水制成的，制作过程需要 48 小时，且在制作的前 24 小时内，必须不停地清除制冰过程中产生的杂质。安置上灯后，七色的灯光从透明的冰体射出，带有梦幻感。技术含量最高的冰要数彩色的冰了，制冰前须在水中加入特殊的化学颜料，然后进行低温冰冻，制作的关键是在配制环节保证色彩均匀、颜料低温下不变色。

3. 泡沫

泡沫雕是用泡沫板雕刻出各种动物、人物、景观等，用以装饰美化宴饮环境的一种雕刻技艺。有的作品根据造型设计需要涂抹颜色，主要用于各种大型展台或美食节活动中作观赏，其作品气势磅礴，造型逼真，具有很高的艺术性和技术性。

泡沫雕因泡沫塑料自身的特性决定了其具有重量轻、工艺制作简单、操作方便、拼接容易、制作速度快、成品可直接着色，并能高精度仿制其他各类材质效果，降低制作时间和制作成本等特点。21 世纪以来，泡沫雕开始用于大型宴会的展台制作中，现已成熟运用于餐饮企业中。泡沫雕成本低廉，成形快捷，可大可小，可常年保存，是制作大型展台的最佳原料。因为泡沫成本低且易存放，所以初学者可利用泡沫进行雕刻技法训练。

十、食品雕刻原料选择原则

食品雕刻能采用的原料极为广泛，植物性原料有瓜果类、根茎类、叶菜类等，动物性原料有蛋类、肉类、禽类等，其他类原料有糖、巧克力、琼脂等。这些原料在质地、色泽、形态、产地、上市季节等方面各不相同，在雕刻时可因时、因地、因需选择合适的原料。一般来讲，只要质地密实脆嫩、色彩艳丽，且具有一定厚度、面积的都可以作为食品雕刻的原料。

1. 食品雕刻大多选用新鲜、洁净、卫生且具有可塑性的能够食用的烹饪原料。

2. 不同的季节有不同的原料，要根据时令季节选择不同的原料，如夏季选用西瓜比较多，冬季选用萝卜比较多，秋季选用南瓜比较多。

3. 每一个雕刻作品都有自己的主题，要根据雕刻作品的主题进行选择，不能没有目的地胡乱选料。

4. 食品雕刻可使用具有脆性的原料，也可使用熟的韧性原料。选料时注意，脆性原料要脆嫩不软，皮中无筋，形态端正，内实不空，色泽鲜艳而无破损；韧性原料要有韧劲，不松散，便于雕刻。

5. 选用可以食用并且无毒、无害，脆嫩不软，表皮无伤无筋，无糠心，色泽新鲜，有一定水分和硬度的蔬菜类原料。选用时注意，根茎类原料不能太硬，也不能过于松软，颜色应纯净；瓜果类原料以内实、不空心、颜色鲜艳者为佳。

6. 原料的坚实部分必须无缝隙，纤维整齐、细密，分量重，颜色纯正，这样才能雕刻出表面光洁、具有质感的效果。

十一、雕品保存方法

1. 低温保存法

将雕刻好的作品放入水中，移入冰箱或冰库，以不结冰为宜，使其较长时间不褪色，并保持质地不变，以延长使用时间。

2. 浸水保存法

将雕刻好的作品浸泡到清凉的水中，可放少许白矾，以保持水的清洁，如发现水质变浑或有气泡，须及时换水。

学习单元 3

食品雕刻的常用工具及其保养

学习目标

1. 熟悉常用刀具
2. 掌握刀具保养方法
3. 了解砧墩的使用与保养

常言道：工欲善其事，必先利其器。要雕刻出好的作品，没有得心应手的雕刻刀具是不行的。雕刻刀具的材料大致相同，多为不锈钢、铜及其他金属材料制成。

食品雕刻的刀具没有统一的规格和样式，少的一套十余件，多的一套数十件，厨师可根据实际操作的经验和对作品的具体要求自行设计制作。由于不同地区的厨师雕刻手法不同，因此在刀具设计上也有所不同。雕品不同，运用的刀法也不同，使用的刀具也不一样，但各种刀具必须光亮而无锈迹，刀刃应锋利，刀身应轻便，使用起来要灵活，以有利于雕刻。

一、常用刀具

雕刻用刀具特殊，与一般的冷、热菜切配刀具在形态、材料、操作方法等方面有着明显的区别。这些刀具一般具有轻薄锋利、小巧灵便的特点，有的刀具还须厨师根据雕刻需要自行设计制作。

食品雕刻的刀具品种繁多，形态、大小各异，没有统一的标准和规格。目前，雕刻刀虽有专业生产厂家开始生产，一时也难以实现标准化。雕刻刀从使用范围上大体可分为雕刻刀和模型刀两大类。雕刻刀小巧玲珑，使用方便，用途广泛，技术性强，以下主要介绍雕刻刀。

1. 主刀

主刀（见图 2-6）又称手刀、平口刀，是雕刻刀具组里最重要的组成部分，开大形和修饰细节都离不开这种刀。现在，食品雕刻界的主刀款式、型号可以说是琳琅满目，厨师可根据自己的用刀习惯和爱好来选择。一般选择刃长 8 cm、柄长 12 cm 且有极尖刀尖的主刀，这种主刀使用起来灵活。

主刀有两种形状：一种刀刀刃向尖端倾斜，刀背呈直线，刀身基本呈三角形；还有一种主刀刀刃中后端平直，前尖端倾斜，刀背前端呈弧形，形似普通的水果刀。主刀把有折叠式和固定式两种。主刀主要用于切片、削皮、刻花、雕鸟等，是雕刻的必备工具之一。

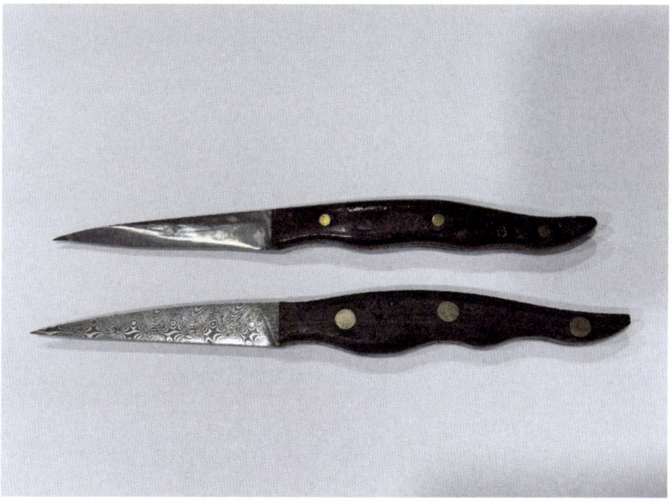

图 2-6　主刀

2. 圆口戳刀

圆口戳刀（见图 2-7）又称 U 形戳刀，圆口刀。圆口戳刀的长短不一，在每套雕刻刀具组里一般有五把十个型号（双头），并且大小不等。圆口戳刀有主刀所没有的 U 形弧线。一般利用圆口戳刀的 U 形弧线和宽度来开大形或定一些大型作品的线条，这样定出的线条或大形比较标准自然。小号 U 形戳刀一般用于处理细节和动物的血管、肌肉及鸟类的翅膀、羽毛等。

圆口戳刀刀刃呈圆形，又分圆珠形挖刀与圆柱形刻刀两种，前者用于挖刻球状物体，后者用于刻出圆孔或圆片，各自又可依据使用尺寸的大小分成若干型号。

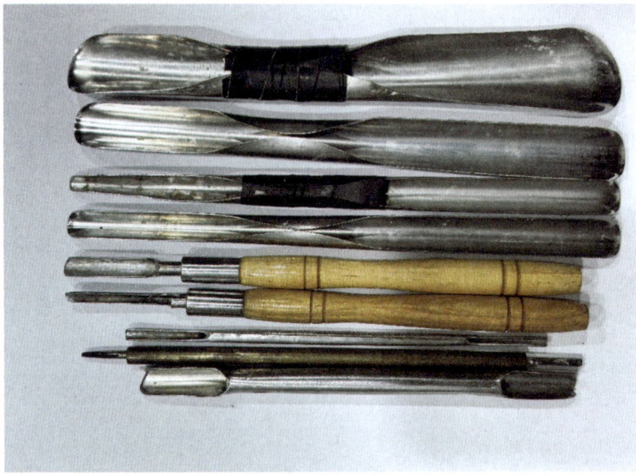

图 2-7　圆口戳刀

■ 因雕刻刀种类、型号繁多，且大型雕刻作品往往需要使用多种类型、多种型号大小的刀具，为减少刀具数量、节省空间并利于携带，刀具制作厂家在单头刀具之外制作了双头刀具，即一把刀具两头皆可使用，且是两个不同的型号。

3. 三角戳刀

三角戳刀（见图 2-8）又称 V 形戳刀、三角刀，在每套雕刻刀具组里一般有三把六个型号（双头），主要用于雕刻禽鸟的尾羽、小羽和一些假山石。

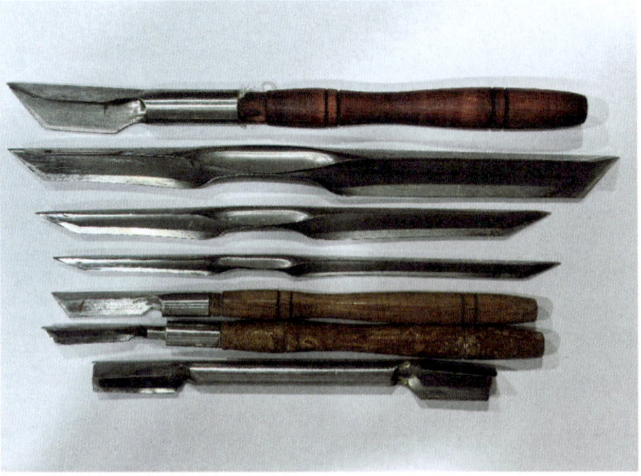

图 2-8　三角戳刀

4. 瓜雕刀

瓜雕刀（见图 2-9）顶端刀刃部呈一定角度或弧度的凹凸状，用于刻戳。瓜雕刀分弧口槽刀、三角槽刀、方口槽刀三种类型。其中，弧口槽刀又有双弧口、多弧口和单弧口之分；三角槽刀又有平吻与尖吻之分。每种瓜雕刀又可分若干型号。

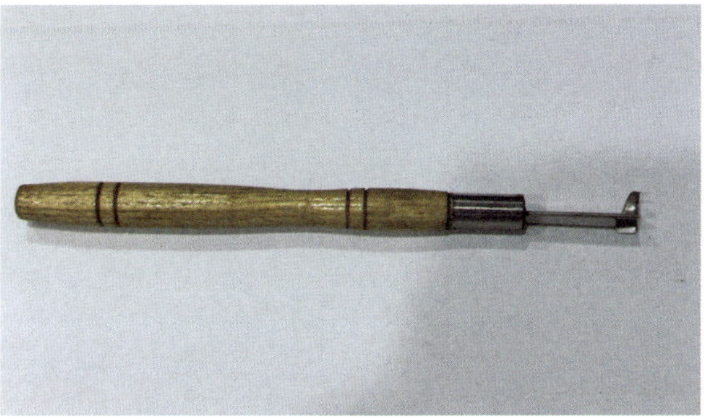

图 2-9　瓜雕刀

■ 具有多弧口的弧口槽刀又称波浪花刀。

5. 掏料刀

掏料刀（见图 2-10）是食材加工中常见的一种去料的刀具，其主要作用是扩大食材的内孔。

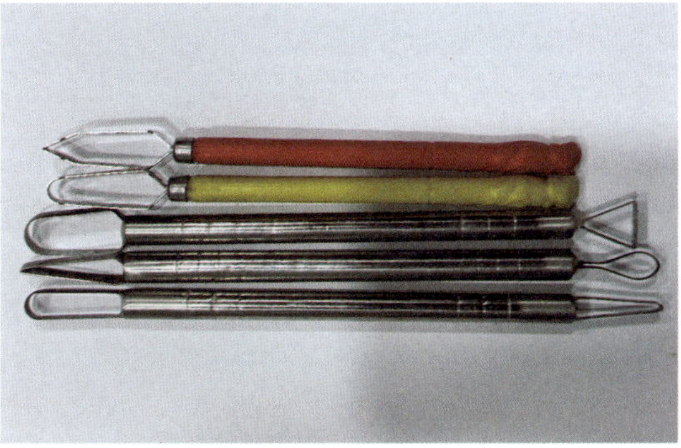

图 2-10　掏料刀

6. 拉线刀

拉线刀（见图 2-11）本是泥塑工具，随着时间的推移和雕刻技术的进步，现在已经演变成了食品雕刻中雕刻人物衣服与动物的主要工具之一，其中一把 V 形的拉线刀主要用于雕刻禽鸟的绒毛和毛发。

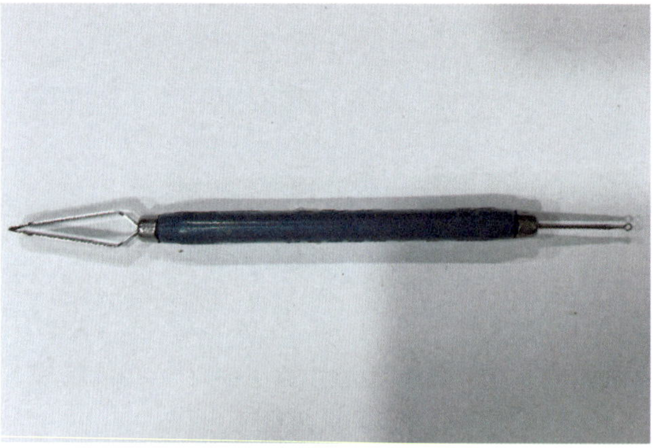

图 2-11　拉线刀

6～10 号拉线刀的用途与三角戳刀大致相同，但它能处理戳刀处理不到的细节。

7. 刻线刀

刻线刀（见图 2-12）刀口呈 V 形，是食品雕刻常用的刻线工具，主要用来在瓜果蔬菜上刻制粗细线条和线槽。

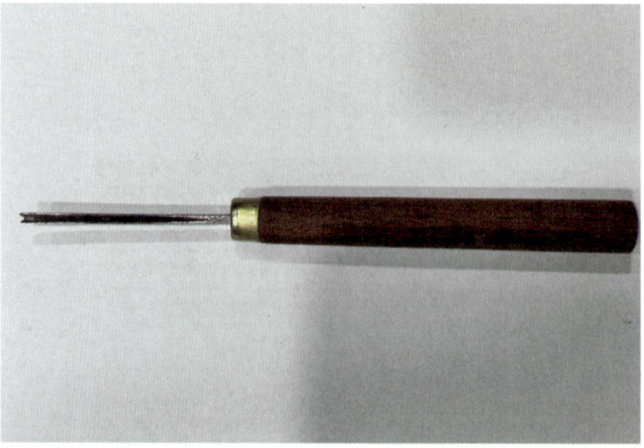

图 2-12　刻线刀

8. 木刻刀

木刻刀（见图 2-13）为平口刀；一般有 3 把，即 1 把 V 形刀和 2 把大小不同的 U 形刀组成。U 形刀是处理人物、动物、禽鸟等脸部细节的好工具，V 形刀用来推制细线条，如禽鸟的羽毛线条等。

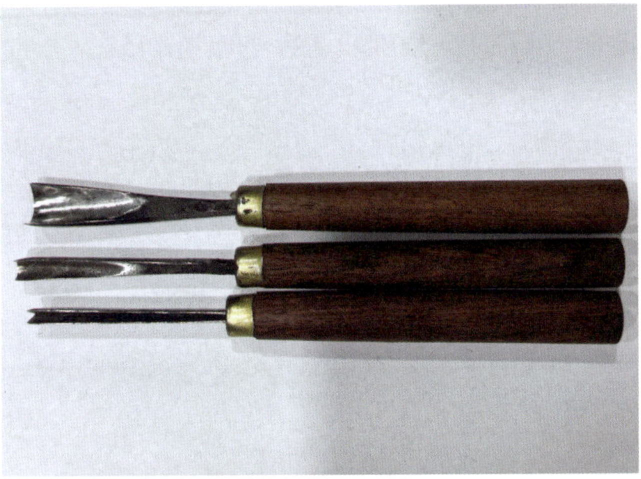

图 2-13　木刻刀

相关链接

辅助用具

辅助用具有砂纸、挖球器、瓜灯套环刀、圆规等。需要说明的是，砂纸也是处理细节必不可少的辅助工具，例如，在雕刻动物的时候，可用来打磨肌肉，用其打磨出的动物肌肉可达到“皮包肉”的艺术效果。圆规一般用于在西瓜上画圆。

二、刀具保养

“三分手艺七分刀”，刀具锋利是使食品雕刻原料表面光滑、完整、美观的根本保证，也是刀工操作快速、顺滑无阻的条件之一。刀锋的锐利是通过磨刀及日常保养方法来实现的。因此，刀具保养在烹饪行业尤为重要。

1. 磨刀

现代食品雕刻的刀具制作工艺较以前有很大的提高，一般不用刻意磨制，在使用一段时间后，可根据情况磨制。

（1）磨刀工具

1）磨刀石（砖）。磨刀石（砖）如图 2-14 所示，有粗、细两种。粗磨刀石为黄砂石，质地较粗松，用于对刀的粗磨。细磨刀石为青砂石，质地较硬且细腻，不易伤刀刃，一般用于对刀的精磨，一般所说的油石就是一种细磨刀石。两者结合使用能缩短磨刀时间，使刀刃光滑而锋利。

图 2-14 磨刀石（砖）

2）辅助工具。磨刀辅助工具由磨刀池、磨刀台（凳）、磨刀木托组成。磨刀台前沿应低于后沿，以便污水排放。磨刀木托以石体长宽为度，防止磨刀石滑动。磨刀应有专门场所，以符合卫生的要求。

（2）磨刀方法

1）三种基本磨刀方法

①平磨。刀身与磨刀石贴紧推拉研磨即为平磨，如图 2-15 所示。平磨适用于磨制刀身平薄的片刀，可以使刀身平滑的同时使刀刃锋利。

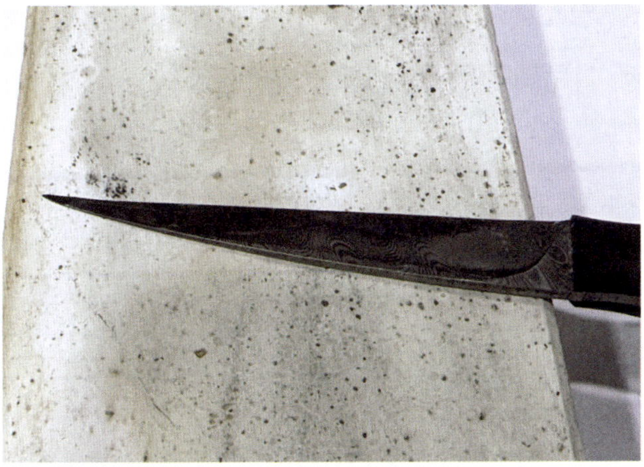

图 2-15　平磨

②翘磨。刀身与磨刀石保持一定的锐角角度推拉研磨即为翘磨，如图 2-16 所示。翘磨适用于磨制刀身厚重的斩刀，可以直接对刀刃研磨而不磨及刀身。注意翘磨主刀时，刀身与磨刀石间的角度极小。

图 2-16　翘磨

③平翘结合磨。一般来说，平翘结合翘是采用平推翘拉的磨法。平推是对刀身

进行的磨制，能保持其平滑。翘磨是直接对刀刃进行的磨制，且不损伤刀刃。以片刀为例，应采用前平、后翘、中腰平翘结合磨刀方法。

2）不同刀具的磨刀方法

①主刀的磨刀方法。主刀的刀刃分内口刃和外口刃。磨刀时，先磨内口刃，要沿刀刃坡度将刀与油石贴紧，不可将刀背抬高或将刀面与油石紧贴。磨外口刃时，将整个刀面与油石贴紧，前后反复摩擦，直至磨锋利为止。新刀如果没有开刃，先要在粗磨刀石上磨，再在细磨刀石上磨，这样既省时又省力。

主刀和切刀一样，也分内口刃和外口刃，只是大小面积有所不同。磨刀时，要先磨内口刃，再磨外口刃，要将刀刃的坡面与磨刀石贴紧，适当加水，反复摩擦。

②圆口戳刀的磨刀方法。圆口戳刀与其他的雕刻刀种类不同，其特点是刀刃开在前端，而且刀刃呈弧形。圆口戳刀有内口刃和外口刃，磨外口刃时，须将刀口放在磨石上，随其弧度左右旋转磨。磨好后，为避免卷刃，须再轻磨一下内口刃。磨内口刃时，将弧形刀口反复扣在磨刀石边角的棱上左右旋转磨。磨完内口刃后，再轻磨几下外口刃，去掉卷刃。

③三角戳刀的磨刀方法。三角戳刀也有内口刃和外口刃。磨外口刃时，刀与磨刀石平面呈 30°～40° 夹角，先磨刀的一面，再磨刀的另一面，磨时要左右横向磨。一定要注意，若刀与磨刀石平面夹角过大，容易造成卷刃；反之，又容易把刀刃斜面磨掉。磨内口刃时，沿着磨石的棱角前后推拉磨刀，磨完后，将刀刃翻过来，放在磨刀石平面上顺势轻拉几下，去掉卷刃。

（3）磨刀注意事项

1）无论使用何种磨刀方法，均要不时向刀和磨刀砖（石）洒水。磨刀时洒水有三个作用：

- 可把磨削产生的金属屑及磨石粉末冲去，提高磨削效率；
- 磨刀时刀和磨刀石相互摩擦，两者温度都会升高，刀容易变形，洒水可起到降温作用；
- 可降低接触面的粗糙程度，减小摩擦力。

2）刀的两面、前后的磨制时间及用力度要均匀、适宜，防止出现如下现象：

- 偏锋，即磨刀时刀两面用力轻重不一，磨数（磨的次数）不同，刀锋偏向一侧；
- 毛口，即磨刀角度不对，刀刃研磨过度，呈锯齿状或翻卷；
- 罗汉肚，即前后磨数不均，刀身中腰呈大肚状突出；
- 月牙口，即中间用力过大，磨数过多，使刀刃向内呈弧形凹进。

3）磨刀完毕，应对刀做如下鉴定，合格后才能视为完成：

- 刀刃不再迟钝，试锋没有滞涩的感觉；
- 两面平滑，无卷口和毛锋现象；
- 刀面平整，无锈迹；
- 刀背等处如有刃口，应已磨圆，以防止操作时割破手指。

2. 刀具日常保养方法

（1）使用中的保养。平时使用应针对原料区别用刀，不宜硬砍、硬剁，避免刀刃受损。应根据原料性质选择刀具，在加工过程中若遇到特殊情况，如原料有小骨或结缔组织较多，不宜强行操作，避免损伤刀具或碰伤手指。

（2）使用后的保养。对于使用后的刀具，必须清理净其刀面上的残物，擦干后将其放置在干燥的通风处，避免潮湿而生锈。特别是在对盐、酸、碱含量较多的原料进行刀工处理后，必须用热水将其清洗干净，擦干后放置在干燥的通风处，避免盐、酸、碱物质腐蚀刀面。

（3）不经常使用的刀具的保养。对于不经常使用的刀具，须清洗干净，擦干后抹上一层油上架或入套，以避免腐蚀生锈。

相关链接

刀具与运刀用力大小的关系

在运用刀工的过程中，刀具的锋利程度、刀具的重量、刀具的运动速度与用力大小有着密切的联系。

1. 刀具的锋利程度与用力的关系

刀具的锋利程度是指刀口的厚薄情况。刀口越薄，刀具就越锋利，就越容易切断原料。任何原料能承受的压强是由其本身性质决定的，是相对恒定不变的，当压强超过原料能承受的强度时，原料就会断裂。压强的计算公式如下：

$$压强=\frac{压力}{面积}$$

从压强的计算公式可以看出，在运刀所用压力不变的情况下，刀口与被切原料接触的面积越小，则刀与原料接触处所产生的压强就越大。换言之，刀口越锋利，刀口与原料接触面积就越小，切断原料也就越省力。

2. 刀具的重量与用力的关系

刀具的种类很多，其重量是各不相同的。如果使用两把同类型而不同重量的刀具去切割同一原料，运刀时所用的力度感觉和切割难易度是不一样的，用较轻的一把刀切割原料会感觉费力些，而用较重的一把刀切割原料会感觉容易些，也就是说更省力些。这是因为刀具越重，其运动惯性越大，在同样的外力作用下，运动时所产生的冲力也越大，因而切割起来就更省力。当然，刀具也并非越重越好，太重的刀具虽然往下压时更省力，但向上提时也更费力，达不到省力的目的。因此，刀具的重量应恰到好处才行。使用合适重量的刀具才能真正达到省力的目的。

3. 刀具的运动速度与用力的关系

刀具是在运动过程中切断原料的，其运动速度越快，越容易切断原料。牛顿第二运动定律证明：物体受外力作用时，物体的加速度与作用在物体上的合外力成正比，与物体的质量成反比。

$$物体加速度=\frac{合外力}{物体质量}$$

从以上公式可以看出，当物体质量一定时，物体加速度越大，所产生的合外力就越大。换句话说，在所用刀具重量一定的情况下，运刀速度越快（即加速度增大），刀口对原料所产生的力就越大，形成的压强也就越大，就越容易切断原料。因此，快速运刀可以省力。

三、砧墩的使用与保养

大多数砧墩是选用银杏树、榆树、柳树等木材制成的，这些树的木质坚固而具有韧性，既不伤刀刃，又便于原料切割。砧墩使用不当或保养不到位，易造成砧墩出现凹凸现象和腐烂现象。砧墩的使用与保养体现在三个环节：

1. 使用前的保养

将新砧墩用盐溶液浸渍或放入大锅内煮透，使木质紧缩致密（树浆变性），从而使砧墩不易断裂和腐烂，同时去除残留的杂物和异味，最后进行清洗。

2. 使用中的保养

经常调换使用角度，避免墩面出现凹凸不平的现象，如出现凹凸不平的现象，应经常修整，即用刀砍平或用电刨子修理平整。用砍刀切割原料时，应使用专用砧墩，防止砧墩表面出现不可逆转的、宽的刀痕。

3. 使用后的保养

使用完毕，必须将砧墩洗净，擦干后立起，使砧墩上下面通风，避免腐烂。

学习单元 4

花卉雕刻

学习目标

1. 掌握月季花的雕刻技法
2. 掌握牡丹花的雕刻技法
3. 掌握荷花的雕刻技法
4. 掌握马蹄莲的雕刻技法
5. 掌握菊花的雕刻技法

对于食品雕刻初学者来说，掌握花卉雕刻方法是迈入食品雕刻艺术大门的基石。须掌握的基本花卉雕刻类型包括月季花雕刻、牡丹花雕刻等。

一、雕刻花卉的特征

1. 月季花特征

月季花被称为“花中皇后”，又称月月红，四季开花，一般为红色或粉色，偶有白色和黄色，既可作为观赏植物，也可作为药用植物。月季花型多样，多为重瓣的、半重瓣，还有高心卷边的，呈倒卵形，直径为 4~5 cm。其色彩艳丽丰富，除红色、粉色、白色、黄色等单色外，还有混色、银边的。多数月季品种有芳香。月季品种繁多，世界上已有近万种，中国也有千种以上。

2. 牡丹花特征

牡丹花是一种多年生落叶灌木，又称木芍药、洛阳花，叶为羽状复叶，花单生在枝顶。牡丹花为重瓣花，呈倒卵形，花瓣顶端为不规则波状。牡丹花每年五月开放，有红色、粉色、黄色、白色、绿色、紫色等多种颜色。牡丹花风姿绰约，观赏价值很高，被誉为“花中之王”。

中国人视牡丹花为富贵的象征，因此在很多地方都有种植。山东菏泽是牡丹花栽培的故乡，以花大、色艳、形美而著称。牡丹花还是河南洛阳的市花，自古就有“洛阳牡丹甲天下”的说法。

3. 荷花特征

荷花是一种多年生草本植物，又称莲花。没有明显的主根，根茎肥壮，柄和花梗伸出水面。夏天荷花盛开，有白色、红色、粉红色、桃红色等多种颜色，散发出阵阵香气，令人神清气爽。

自从北宋周敦颐写下“出淤泥而不染，濯清涟而不妖”的名句后，荷花便成为“君子之花”。另外，“荷”与“和”“合”谐音，“莲”与“联”谐音，因此中国人常把荷花作为和平、和谐、合作、联合的象征。

4. 马蹄莲特征

马蹄莲是一种多年生草本植物。马蹄莲的花序外面常有一片形状特异的大型总苞片，呈佛焰状，称为佛焰苞。佛焰苞是马蹄莲等植物特有的，长度为 10～25 cm，呈亮白色或淡黄色，偶尔会带有绿色。花序上部生雄蕊，下部生雌蕊，花苞洁白硕大，完全盛开后形似马蹄。

马蹄莲叶基生，叶柄长 0.4～1 m；叶片长 15～45 cm，宽 10～25 cm。叶片较厚，呈绿色，为箭形或心状箭形，先端锐尖、渐尖，或具尾状尖头，全缘。

5. 菊花特征

菊花为多年生宿根花卉。菊花的叶子形态繁多，因品种而异，可分为圆叶、葵叶、船叶等。菊花的花瓣形状有平瓣、管瓣、匙瓣、桂瓣、畸瓣五类，花色丰富艳丽，有红色、白色、黄色、紫色、粉色等多种颜色。菊科多数品种花序中央为管状花，边缘为舌状花。舌状花是多数菊花的特征。

中国人极爱菊花。根据古代的神话传说，菊花是吉祥长寿的象征。在食品雕刻中，常将菊花与其他动、植物一起组成喜庆吉祥的图案，如菊花与喜鹊组合表示“居家欢乐”，菊花与松树组合表示“益寿延年”等。

二、花卉雕刻的手法运用

雕刻刀工是每一名厨师必须掌握的一门基本技术，刀工的优劣将直接影响雕刻作品的造型、美观程度和品质等。因此，雕刻刀工技术是重要的基本雕刻技能。

随着人们生活水平的提高和烹饪技术的不断发展，对刀工技术的要求已不局限于改变原料的基本形状和食用要求，而是使成品能形态美观、赏心悦目。

刀工的具体操作要求是：

- 握刀稳，下刀准，手腕灵活而有力。
- 控制好原料，使其平稳不动，便于落刀。
- 注意力集中，心、手、眼要紧密配合，两手协调。

食品雕刻的刀法与砧墩上加工切配菜肴原料的刀法不同，因运用的是雕刻专用刀具，因此有专门的刀法。由于各类雕刻刀样式不同，因此使用时的执刀方法也是不同的。

雕刻时，手执刀的各种姿势被称为雕刻手法。在食品雕刻过程中，执刀姿势须随作品形态的变化而变化才能达到预期的效果，符合主题的要求。只有掌握了雕刻手法，才能灵活运用各种刀法，从而雕刻出近乎完美的作品。

食品雕刻的刀法和手法都属于一整套的连贯性动作，要达到连贯、自如、流畅，就要先了解握刀的方法和手法，再多加揣摩和勤加练习。

1. 横刀手法

运用横刀手法时，右手拇指贴于刀刃的内侧，四指横握刀把，如图 2-17 所示，运刀时，用拇指按住所要刻的部位，在完成每一刀的操作后，拇指自然回到刀刃的内侧。横刀刀法适用于各种大型整雕及一些花卉的雕刻。

图 2-17　横刀手法

2. 纵刀手法

运用纵刀手法时，右手拇指贴于刀刃的内侧，四指纵握刀把，如图 2-18 所示，运刀时，手腕从右至左匀力转动。纵刀手法适用于雕刻表面光洁、形体规则的物体，如圆球、圆台以及各种花蕊的坯形等。

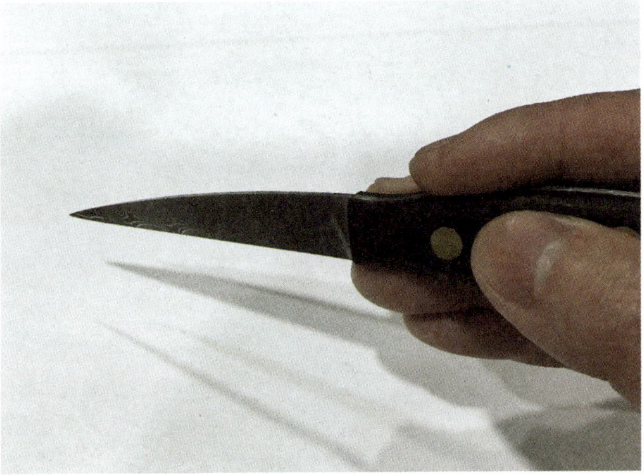

图 2-18　纵刀手法

■ 无论是横刀手法还是纵刀手法，执刀时都用食指、中指、无名指、小拇指弯曲握住刀把，刀刃从食指和大拇指间伸出，刀刃的用力及活动范围主要靠四指关节的上下运动，大拇指掌握运动的力度，有时伸开贴在原料上，有时辅助四指执于刀身上。当然，执刀法不是固定不变的，有时要根据雕品的需要略加改变。

3. 握笔手法

运用握笔手法时，握刀的姿势与握笔类似，即用拇指、食指、中指捏稳刀身，如图 2-19 所示。握笔手法主要适用于雕刻浮雕画面，常运用于西瓜盅等食雕作品中。

4. 执笔手法

执笔手法是一种比较难掌握的手法，影响作品的线条流畅程度。执笔手法是以执笔的方式执刀，但须用小指作为支点，如图 2-20 所示，一般用于划出鱼的鳞片、鸟类的羽毛、动物的毛发等。

图 2-19 握笔手法

图 2-20 执笔手法

■ 握笔手法和执笔手法一般主要应用于主刀、三角戳刀、圆口戳刀。握笔和执笔时，宜用三指捏紧刀身，掌心要虚，指力要灵活。

三、花卉雕刻的刀法运用

1. 切

切是一种辅助刀法，很少能单独运用而使雕品成形，主要配合雕刻前的准备工作，一般用主刀操作。切是刀刃与砧墩保持垂直状态向下用力分割原料的一种刀法。切以腕力为主、小臂为辅运刀。

根据运刀方向、用力方向的不同，切又可分为直切、推切、拉切、锯切、铡切、滚料切等。

（1）直切。直切指刀与砧墩垂直，运刀方向直上直下的切法。直切适用于嫩、脆的植物性原料，如萝卜、莴笋、白菜等。运用这种刀法要求：

1）持刀稳，手腕灵活，运用腕力，稍带动小臂；

2）两手密切配合，一手按料稳而自如，随刀的运动均匀迅速向后移动，另一手运刀直上直下，刀身始终平行于原料截面；

3）所切原料不能堆码太高；

4）如原料体积过大，则应放慢运刀速度。

直切能使原料大面积分开，主要适用于取料和修整外形。由于刀具上下运动的速度较快，因此直切又称跳切。

（2）推切。推切指刀与砧墩垂直，运刀方向由后上方向前下方推进切下的刀法。推切适用于细嫩而有韧性的原料。运用这种刀法要求：

1）持刀稳，靠小臂和手腕用力，一刀要有一刀的效果；

2）刀前端开片，中端切片，中后端断料；

3）进刀轻，下刀有力，收刀干脆；

4）刀由后向前推动，一刀推到底；

5）视原料厚薄和质地状况决定推力的大小。

（3）拉切。拉切是运用拉力切断原料的一种切法，适用于质嫩的、无骨的动植物原料。拉切时，刀由前向后拉动，运用这种刀法要求：

1）一拉到底，由刀刃前端断开原料。

2）视原料厚薄和质地状况决定拉力的大小。

（4）锯切。锯切又称推拉切，指刀与砧墩垂直，前后来回多次推拉的切法，因像拉锯一样，故而得名。锯切适用于质地坚硬或松软易碎的熟料。运用这种刀法要求：

1）手腕灵活，进刀轻缓，运刀平稳，收刀干脆；

2）两手配合紧密，一手按料固定，不可随便移动，另一手握刀要稳，下刀要准；

3）来回次数要多。

（5）铡切。铡切是指刀刃垂直于原料，并通过交替用力、掌拍、下压而断开原料的一种切法，适用于薄壳、颗粒原料，如花椒、仔蟹、花生等原料。交替铡切是指左手握住刀背前端，右手握住刀柄，两手交替用力将原料垂直断开。掌拍铡切是指右手握住刀柄，刀刃垂直按放在原料需要断开处，左手用力猛击在刀背上将原料断开。压下铡切是指左手握住刀背前端，右手提起刀柄，刀刃垂直放置在原料需要断开处，然后右手用力压下将原料断开（与用铡刀切草类似）。

（6）滚料切。滚料切又称滚刀切、滚切，指刀与砧墩垂直，所切原料随刀的运动而不断滚动的切法。滚料切适用于质嫩脆或软嫩、体积较小的圆形或圆柱形的植物性原料，如胡萝卜、土豆、芋头、春笋等。运用这种刀法要求：

1）下刀角度及运刀速度必须配合原料的滚动；

2）一手按料，控制原料的滚动，并按原料成形规格要求确定滚动幅度，需要大块则滚动幅度大些，反之则小些；

3）一手握刀，下刀准确，刀身不能平行于原料的截面，而是应呈一定夹角，夹角小则原料成形长，反之则短。

2. 戳

戳是用途较广的一种刀法，运用时一般将刀具插入原料后在其表面向前推进到一定深度，形成一端与主体相连接的弯曲有致、粗细有序的条形，多用于雕刻鸟类羽毛、花卉的条状花瓣、鱼的鳞片等。

一般用圆口戳刀或三角戳刀进行戳的操作。具体操作方法是左手托住原料，右手大拇指和食指捏住刀身中部，中指贴在刀身上作支撑，根据雕品要求，将刀口顶端向前平推或斜推或向下推，触刺原料表面或穿过原料。如要花纹清楚，可用主刀修去刀纹下的余料，再继续戳雕，直至完成雕品。

戳在方向上有平戳、斜戳、纵戳之分。

3. 刻

刻是雕刻中的主要刀法，用途较广，一般用主刀、三角戳刀、圆口戳刀进行操作。根据刀与原料接触的角度，刻可分为直刻与斜刻两种。直刻是指雕刻刀垂直于原料地从上往下刻，斜刻是指雕刻刀倾斜于原料地从上往下刻。

用各种圆口戳刀或三角戳刀在原料的表面刻出各种尖槽形和圆槽形的图案，多用于瓜灯和瓜盅雕刻；在原料上直刻出与母体连接、层次分明的各种片状，多用于雕刻平面的花瓣花卉；用主刀先在原料中部由下向上，先刻好花朵外面的几层花瓣，再用小刀在原料的顶部由内向外翻刻好花朵里面的几层花瓣，多用于雕刻半开放花朵。

4. 削

削是指左手拿稳原料，右手持刀，去除原料表皮及多余部分的一种刀法。削是雕刻前期使用的一种基本刀法，主要用来将原料削至平整光滑及削出雕品轮廓，多使用主刀。削是在食品雕刻中应用广泛，主要用于刻出大形，配合其他刀法做修饰。操作方法是左手持原料，右手大拇指顶住刀背或原料，其余四指握住主刀的刀柄，用力向前推削或向后拉削，一刀一刀地削去原料表皮及多余部分，直削至原料符合雕品所要求的形态为止。

削按原料成形不同分为直削、卷削、旋削。

直削时，左手握料，右手执刀，刀口向外，直接从原料上去除多余部分。卷削时，刀口紧贴柱形原料，左手持料随刀刃的进度而滚动原料，取下薄片。旋削时，左手持料，右手执刀，右手拇指按住原料控制刀刃进度，旋刀取下薄片。

削按刀口方向不同分为直刀削一般是用来开大形料，要求五指握住刀柄，当刀刃接触到原料时，大拇指自然跷起来顶在原料上，以大拇指为支点，以防划伤。反刀削与直刀削相反，用反刀削去除废料方便快捷，不需要费多少力气。反刀削时，要求五指牢牢抓住刀柄，用刀时注意前面是否有人，以避免不必要的伤害。

5. 旋

旋多用于各种花卉的刻制，能使雕品圆滑、规则。旋分为内旋和外旋两种方法。内旋适用于由里向外刻制的花卉或用两种刀法交替刻制的花卉，如马蹄莲、牡丹花等；外旋适用于由外向里刻制的花卉，如月季花、玫瑰花等。

旋既是一种辅助刀法，也可用于单独旋刻成形，是一种用途极广的刀法。一般用主刀进行操作。

一般将主刀伸入原料中，根据雕品形状的要求，通过旋转的手法将多余原料取出。具体操作方法是左手滚动原料，右手握住刀把，刀口倾斜向下，随着刀口的旋转，旋下多余的原料，或左手持料不动，右手持刀旋动，直到完成雕品。

6. 镂

镂是雕刻作品时为达到一定的深度或镂空所使用的一种刀法。雕刻西瓜盅、西瓜灯等时，镂是指将原料的内部籽、瓤挖空，或将肉质皮按一定形状进行雕空。镂是雕刻中常用的刀法，主要是用主刀在表面割出一定深度的刀纹，有镂空刻与浅镂刻之分，两者常结合使用。

例如，西瓜灯的刻面由许多对称均衡的“环”“格”“窗”及花、草、鸟、虫等图案组成，其中，“环”“窗”均须采用镂空刻使之凸出，而凹凸部分之间则通过“套环”与突出部分连接。

7. 划

划一般使用主刀，是指在原料表面上浅刻出所要雕刻的形象的大体形状、轮廓，适用于雕刻浮雕作品。

8. 模压

模压是指用各种模型刀具对准原料，用力按压下去便成为雕品的一种刀法。如果是较厚的原料，可先将其切成片状再按压。雕刻的成品主要用作配料或点缀一般菜肴。

食品雕刻基本刀法很多，除上述介绍外，还有挖、嵌、挑、凿等。只有熟练掌握各种食品雕刻基本刀法，才能雕刻出好的食雕作品。在实际雕刻中，往往需要几种刀法的配合才能雕刻出一个完整的造型。雕品越复杂，所须结合的刀法就越多。

操作技能

月季花雕刻

操作准备

工具准备

主刀 1 把。

原料准备

心里美萝卜 1 个。

操作步骤

步骤 1　将原料刻制成 5 cm 高的圆柱体，如图 2-21 所示。

图 2-21 刻制成圆柱体

步骤 2 在原料底面旋刻一圈，使圆柱体中心呈小圆，如图 2-22 所示。

图 2-22 使圆柱体中心呈小圆

步骤 3 倒置原料，用左手的大拇指顶住底部，其余四个手指放在上面，将心里美萝卜拿稳（主要是大拇指和中指用力），用右手的四个手指（除大拇指）握住刀，大拇指作支点，将小圆分五等份，刻制出五边形斜面，如图 2-23 所示。

图 2-23 刻制出五边形斜面

步骤 4 在每一面上画刻出第一层圆弧花瓣形状，并由薄到厚（上薄下厚）直刻出第一层花瓣，如图 2-24 所示。

图 2-24 刻出第一层圆弧花瓣

步骤 5 在两瓣花瓣间刻去一块三角废料，依次刻出五个斜面，如图 2-25 所示。

图 2-25　去废料，刻出五个斜面

步骤 6　按第一层直刻方法，依次刻出第二、三层的五瓣花瓣，如图 2-26、图 2-27 所示。

图 2-26　刻出第二层花瓣

图 2-27　刻出第三层花瓣

步骤 7　在两瓣花瓣间刻去一个弧形废料。

步骤 8　修出圆弧花瓣形状，并用旋刻手法刻出上薄下厚的花瓣，如图 2-28 所示。

图 2-28　修出圆弧花瓣形状

步骤 9　依次旋刻出第四层五瓣花瓣，如图 2-29 所示。

图 2-29　刻出第四层五瓣旋刻花瓣

步骤 10　按第四层旋刻方法，依次旋刻出第五、六、七层花瓣，如图 2-30 所示。

步骤 11 将中间多余原料刻成锥形花芯，如图 2–31 所示。

图 2–30 依次旋刻出第五、六、七层花瓣

图 2–31 刻锥形花芯

注意事项

1. 在刻初坯时要均匀地将其外部分成五等份，否则会影响整朵花的形状。

- 底部要尽量小一些，分出的五等份要有一定的弧度，这样刻出的花才有自然美。

2. 在刻花瓣时要上薄下厚，以便造型，使花更接近自然。

- 整朵花雕完后要注意泡水整形，将每个花瓣的上面向外翻。
- 每次去料时，刀尖要到底部，刀面要逐渐往里斜，这样刻出的花才有含苞待放的自然美感。

质量指标

1. 底面五等分，切割斜面大小均匀。
2. 每层每片花瓣都应是圆弧形状。
3. 外层刻制三层直刻的花瓣。
4. 内层刻制至少三层旋刻的花瓣。
5. 每层花瓣之间无废料残留。
6. 花瓣上薄下厚，无破损、残缺。

牡丹花雕刻

操作准备

工具准备

主刀 1 把。

原料准备

心里美萝卜 1 个。

操作步骤

步骤 1 将原料刻制成 5.5 cm 高的圆柱体，如图 2–32 所示。

图 2–32 将原料刻制成圆柱体

步骤 2 从圆柱体中心点雕刻出“馒头形”半圆体，如图 2–33 所示。

图 2-33 刻出“馒头形”

步骤 3 在半圆体的顶点刻出一个垂直长 2 cm、直径为 0.8 cm 的圆孔，如图 2-34 所示。

图 2-34 刻出圆孔

步骤 4 在圆孔内，面对面刻出第一层的两瓣花瓣，如图 2-35 所示。

步骤 5 刀往下倾斜环行一圈修去废料后，用同样的方法在圆孔内刻出第二层的两瓣花瓣，注意位置应与第一层花瓣交错开，如图 2-36 所示。

图 2-35 圆孔内刻出第一层花瓣

图 2-36 圆孔内刻出第二层花瓣

步骤 6 在第二层花瓣下修去“波浪形”废料，如图 2-37 所示；按“波浪形”刻出第三层花瓣，如图 2-38 所示。

图 2-37 修去“波浪形”废料

图 2-38　刻出第三层“波浪形”花瓣

步骤 7　用同样的方法刻出第四、五层花瓣，直至刻到原料底部，如图 2-39、图 2-40 所示。

图 2-39　刻出第四层“波浪形”花瓣

图 2-40　刻出第五层“波浪形”花瓣

步骤 8　反转原料，在平面底部斜角进刀，刻一个圆圈，修去底部废料，如图 2-41 所示。

图 2-41　修去底部废料

质量指标

1. 原料刻制成“馒头形”半球体，形态饱满、圆滑。
2. 第一、二层花瓣直刻，第三层花瓣开始刻制成波浪形，逐层往下刻，直至刻完原料，每层花瓣都须刻出锯齿状边沿。
3. 每层花瓣之间无废料残留。
4. 每层花瓣外薄内厚，无破损、残缺。
5. 底部废料去除得干净、光洁。

荷花雕刻

操作准备

工具准备

（1）主刀 1 把。

（2）小号圆口戳刀 1 把。

（3）小号三角戳刀 1 把。

原料准备

（1）心里美萝卜 1 个。

（2）青萝卜 1 根。

操作步骤

步骤 1 将原料刻制成 6 cm 高的腰鼓形六边体，如图 2-42 所示。

图 2-42 制成腰鼓形六边体

步骤 2　在每一个面上用刀尖画刻出荷花花瓣形状，并刻出花瓣，如图 2-43 所示。

a）

b）

图 2-43　刻出荷花花瓣

a）划出花瓣形状　b）刻出花瓣

步骤 3　在第一层的两瓣花瓣间刻去弧形废料，如图 2-44 所示。

图 2-44　修去废料

步骤 4　按第一层的刻法，刻出第二、三、四层花瓣，如图 2-45 和图 2-46 所示。

图 2-45　刻出第二、三层花瓣

图 2-46　刻出第四层花瓣

步骤 5 刻平中间多余的原料，如图 2-47 所示，将其修成圆柱形，如图 2-48 所示。

图 2-47 将中间原料刻平

图 2-48 将中间原料修成圆柱形

步骤 6 用小号圆口戳刀按莲蓬造型刻去圆柱形中的废料；将青萝卜削去皮，用小号三角戳刀刻出一圈花蕊，如图 2-49 所示，并用主刀刻断取下，用胶水粘接在莲蓬和第四层花瓣之间的底部间隙中。整体效果如图 2-50 所示。

图 2-49 用青萝卜刻花蕊

图 2-50 修出莲蓬造型

步骤 7 用小号圆口戳刀在青萝卜表皮刻出小圆片，并填入莲蓬造型中的“莲蓬子”位置中，如图 2-51 所示。

图 2-51 组装上“莲蓬子”

质量指标

1 原料刻制成均匀的腰鼓形六边体。

2 每层每片花瓣都应是荷花花瓣形状。

3 刻制四层上薄下厚的直刻花瓣。

4 每层花瓣之间无废料残留。

5 花瓣无破损、残缺。

6 中间多余原料刻制成莲蓬形状，并低于荷花花瓣的1/3 高度。

马蹄莲雕刻

操作准备

工具准备

（1）主刀 1 把。

（2）圆口戳刀 1 把。

（3）三角戳刀 1 把。

原料准备

（1）白萝卜 1 根。

（2）胡萝卜 1 根。

（3）青萝卜 1 根。

操作步骤

步骤 1 将近似圆柱体的白萝卜刻出 7 cm 高的段，如图 2–52 所示。

图 2–52 取 7 cm 高

步骤 2 将白萝卜段的曲面刻出弧形，如图 2–53 所示。

图 2–53 刻出半弧形

步骤 3 将白萝卜刻成“水滴形”，如图 2–54 所示。

图 2–54 刻成“水滴形”

步骤 4 将“水滴形”白萝卜的棱角刻成斜面，如图 2–55 所示。

a）

b）

图 2-55 将棱角刻成斜面

a）正面 b）侧面

步骤 5 刻制出马蹄莲的花瓣，如图 2-56 所示；去除花瓣下的废料，如图 2-57 所示。

图 2-56 刻制出马蹄莲的花瓣

图 2-57 去除花瓣下的废料

步骤 6 修出马蹄莲花瓣的弧形，如图 2-58 所示；再刻出马蹄莲花卉的下半部分，如图 2-59 所示。

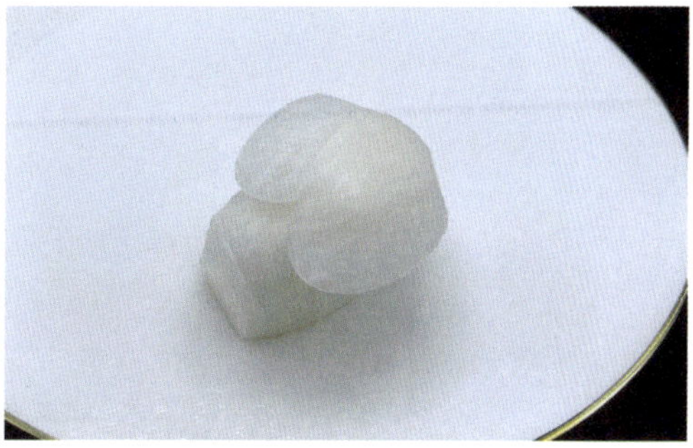

图 2-58 刻出花瓣弧形

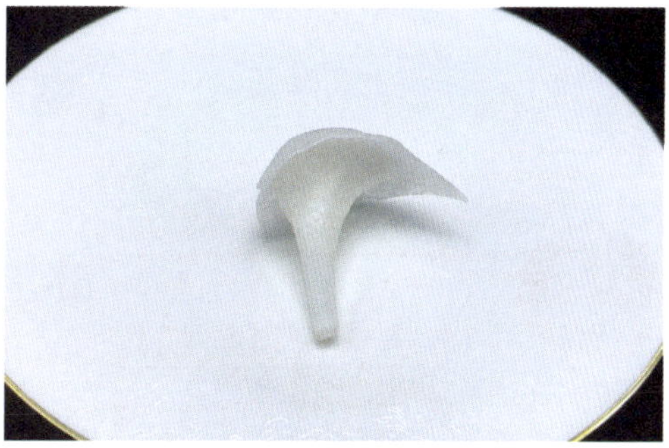

图 2-59 刻出花卉下半部分

步骤 7 用圆口戳刀凿刻出花朵中心部位花蕊的圆孔，如图 2-60 所示。

图 2-60 制出花蕊圆孔

步骤8 用主刀将胡萝卜削成一个烟斗形状，作马蹄莲的花蕊，如图2-61所示，并将其插入圆孔中。

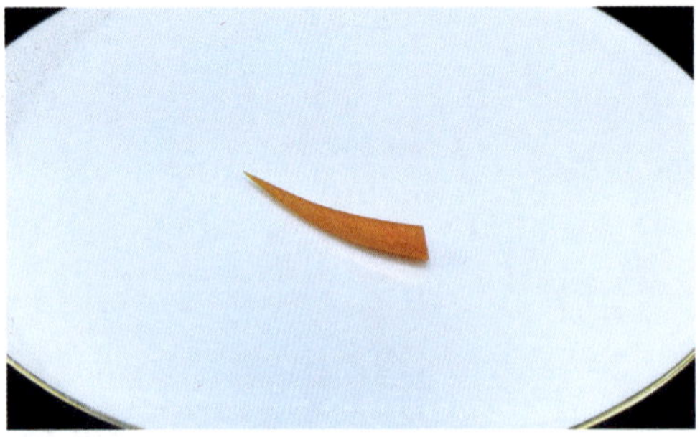

图2-61 刻出马蹄莲的花芯

步骤9 将青萝卜刻出马蹄莲的花茎和叶子，并插上马蹄莲。

注意事项

1. 注重取料与初坯修整，因为初坯的好坏将会直接影响下一步骤的操作，以及整个花的形态能否栩栩如生。

2. 要将内、外削光洁，注意马蹄的花瓣不能太厚。

质量指标

1. 原料刻制成带有弧形的“水滴形”。
2. 刻制出外薄内厚的马蹄莲花瓣。
3. 花瓣无破损、残缺。
4. 刻制出马蹄莲的花托和花茎。
5. 刻制出带弧形的马蹄莲花心。
6. 在花朵中心部位刻出圆孔并插好花心。
7. 刻好花茎，插好马蹄莲。

菊花雕刻

操作准备

工具准备

（1）主刀1把。

（2）三角戳刀1套。

原料准备

心里美萝卜1个。

操作步骤

步骤1　将原料刻制成5.5 cm高的圆柱体，如图2-62所示。

图2-62　刻制成圆柱体

步骤2　从圆柱体中心点雕刻出“馒头形”半球体，如图2-63所示。

步骤3　在半圆体的顶点刻出一个垂直长2 cm、直径为0.8 cm的圆孔，如图2-64所示。

图 2–63　刻出“馒头形”

图 2–64　在顶点处刻出圆孔

步骤 4　用小号三角戳刀刻出第一层菊花花瓣，如图 2–65 所示。

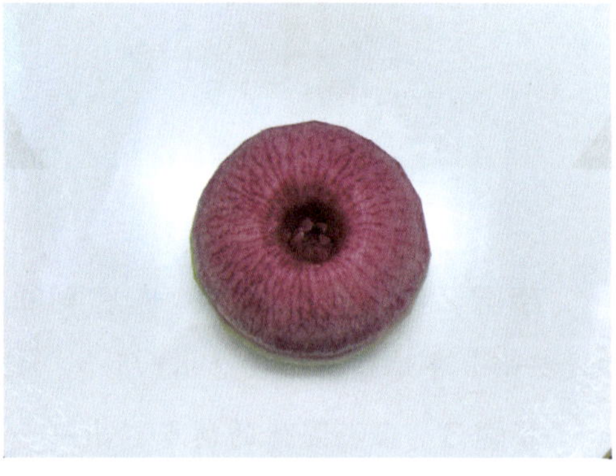

图 2–65　刻出第一层菊花花瓣

步骤 5　用主刀刻去第一层花瓣下的废料后，交错开第一层花瓣，用稍大一号的三角戳刀刻制出第二层菊花花瓣，如图 2–66 所示。

图 2–66　刻去废料，制出第二层菊花花瓣

步骤 6　用同样的方法依次刻制出第三、四、五、六层花瓣，如图 2–67 和图 2–68 所示，直至刻到原料底层，如图 2–69 所示。

图 2–67　刻制第三层花瓣

图 2-68　刻制第四、五、六层花瓣

图 2-69　刻到原料底层

步骤 7　反转原料，在平面底部斜角进刀，刻一圆圈，修去底部废料，如图 2-70 所示。

图 2-70　修去底部废料

质量指标

1. 原料刻制成“馒头形”半球体，形态饱满、圆滑。
2. 用三角戳刀刻出花瓣，并用主刀刻去废料，逐层往下刻，直至刻到原料底层。
3. 每层花瓣之间无废料残留。
4. 每层每片花瓣呈尖锥形，无破损、残缺。
5. 花瓣角度逐层往下倾斜，每层间距相同。
6. 底部废料去除得干净、光洁。

练习与检测

一、判断题（将判断结果填入括号中，正确的填“√”，错误的填“×”）

1. 食品雕刻技艺以提升愉悦感受为目标，追求烹饪造型艺术和色彩搭配艺术，集菜肴点缀、展台布置等应用于一体，是中式烹调师一项重要的应用技术和拓展技能。（　　）

2. 食品雕刻的目的是美化菜肴、装饰席面，因此雕刻作品应造型优美、形象生动、色调明快，使用餐者在品尝美味的同时，在视觉上、情感上得到美的享受。（　　）

3. 参与型装饰食品雕刻直接参与在菜肴之中，起美化菜肴、渲染气氛、烘托主题的作用。（　　）

4. 食品雕刻技术作为烹饪技术的主支，其发展无须依赖于烹饪行业的整体发展，无须顺应烹饪行业的整体要求，只要符合人们的审美取向即可。（　　）

5. 雕刻时，手执刀的各种姿势被称为雕刻手法。在食品雕刻过程中，执刀姿势无须随作品形态的变化而变化，即能达到预期的效果，也符合主题的要求。

（　　）

二、单项选择题（选择一个正确的答案，将相应的字母填入题内的括号中）

1. 食品雕刻是一门美化宴席、陪衬菜肴、烘托气氛的（　　），使人们在得到物质享受的同时，也能得到审美享受。

A. 动态艺术　　B. 色彩艺术　　C. 人文艺术　　D. 造型艺术

2.（　　）装饰食品雕刻制品不参与在菜肴之中，主要对整个宴席起到渲染气氛、烘托主题的作用，是观赏式的、独立的作品。

A. 单一型　　B. 复杂型　　C. 独立型　　D. 观赏型

3. 雕刻的旋刀法多用于各种花卉的刻制，能使雕品圆滑、规则。旋分为（　　）和外旋两种方法。

A. 螺旋　　B. 上旋　　C. 下旋　　D. 内旋

4. 食品雕刻题材广泛，品种繁多，可装点美化席面，可单独作为展台使用，可用于（　　）、冷餐会、婚宴等，应用比较广泛。

A. 国宴　　B. 会议　　C. 套餐　　D. 食堂

5. 食品雕刻蕴含的文化性、(　　)、艺术性凸显了新一代厨师的素质和技艺，对于提升人们对厨师的职业认知，提高厨师的社会地位有举足轻重的作用。

A. 技术性　　B. 技艺性　　C. 特殊性　　D. 观赏性

三、多项选择题（选择两个或两个以上正确的答案，将相应的字母填入题内的括号中）

1. 食品雕刻是通过雕、刻、戳、镂等手法，将食品原材料加工处理成具有实用性、审美性的各种艺术形体，然后对菜肴进行(　　)和衬托，最终达到完善造型、美化菜品的一门独特技艺。

A. 弥补　　B. 点缀　　C. 装饰　　D. 调整　　E. 修改

2. 食品雕刻是将我国传统的(　　)和木刻等工艺美术的造型方法和技巧运用到食品上的一项传统技艺，是悠久的中华饮食文化孕育的一颗璀璨明珠，其历史源远流长。

A. 冰雕　　B. 木雕　　C. 根雕　　D. 石雕　　E. 玉雕

3. 食品雕刻基本刀法很多，有切、(　　)、旋、镂、划、凿等。只有熟练掌握各种食品雕刻基本刀法，才能雕刻出好的食雕作品。在实际雕刻中，往往需要几种刀法的配合才能雕刻出一个完整的造型。雕品越复杂，所须结合的刀法就越多。

A. 画　　B. 戳　　C. 刻　　D. 削　　E. 压

参考答案

一、判断题

1. √　2. √　3. √　4. ×　5. ×

二、单项选择题

1. D　2. C　3. D　4. A　5. B

三、多项选择题

1. ABC　2. BDE　3.BCD

项目 3　组合雕刻

学习导入

组合雕刻

迎宾繁花瓜果篮
红花绶带舞清风
宝塔巧石花自开
翠竹霞石繁花开
水中燕鱼戏珊瑚

学习单元 1

组合雕刻基本知识

学习目标

1. 掌握组合雕刻的概念
2. 熟悉组合雕刻的流程
3. 了解组合雕刻的要点
4. 了解组合雕刻的应用
5. 熟悉组合雕刻的制作过程
6. 了解组合雕刻的注意事项

一、组合雕刻的概念

组合雕刻是指将两块或两块以上的原料（可以是一种原料或多种原料）分别雕刻成形，再集中组装成某个造型形象的食品雕刻方法。组合雕刻是我国餐饮文化的重要组成部分，其以秀丽端庄的东方特色跻身于世界厨艺之林，成为中国烹饪文化中的瑰宝。图 3-1 所示为两组组合雕刻作品。

图 3-1　组合雕刻作品

中式烹饪历来强调色、香、味、形并重，烹制菜肴不仅要重视其营养、味道，还要注重菜肴的造型和色彩这一视觉审美，也就是菜肴的“卖相”。食品组合雕刻正是在追求烹饪造型艺术、色彩搭配艺术的基础上发展起来的一种菜肴装饰美化技术。组合雕刻的目的是装饰、美化菜肴，烘托宴饮气氛，突出宴饮主题，增进食欲，使人们在品尝美味佳肴的同时得到一种审美享受。

狭义的组合雕刻是指利用各种专用刀具，采用一些特殊的刀法，将新鲜卫生的蔬菜、水果等食用原料雕刻成各种造型优美、寓意吉祥的具体形象（花卉、兽禽、虫鱼、人物、景观等），用以装饰、美化菜肴的一门雕刻技术。广义的组合雕刻属于工艺美术中艺术雕塑的范畴，是实用美术的一种，指利用各种专用刀具、工具，采用一些特殊的刀法，选用能够食用或不能食用的多种原料（如果蔬、琼脂、泡沫、巧克力、黄油、白糖等）雕刻成各种组合成品，塑造形态优美、寓意吉祥的具体形象（花卉、兽禽、虫鱼、人物、景观等），用以装饰美化宴饮环境、突出宴饮主题、烘托宴饮气氛的一门雕刻技术。这里侧重讲述狭义的组合雕刻。

二、组合雕刻的流程

1. 确定命题

通常在动手雕刻之前，都会先根据应用场合等思考雕刻什么题材来表现主题。例如，在接待国外友人时，可以考虑雕刻一组展翅的金色孔雀以迎宾，这就是确定命题。

2. 定造型

命题确定后，还需要明确雕品的造型。以迎宾的金色孔雀为例，就是需要明确是雕回头的、直头的还是腾飞的孔雀，以及其大小、高低、长短等，这就是定造型。

3. 选料

在定好造型后，就需要选料了。选料要根据命题和造型来进行。以展翅的金色孔雀形象为例，可以选用金黄色的南瓜，而且由于孔雀的尾巴比较长，因此可选用大一些的南瓜。

4. 布局

题材、造型、原料都确定后，就得根据所设计的造型在原料上做好布局。以展翅的金色孔雀形象为例，在下刀之前，要安排清楚孔雀的头、腿、臀、尾巴、翅膀等各个部位的位置。原料实在不够的地方切莫将就，可以用 502 胶水来进行原料拼接。

5. 雕刻

当所要雕刻形象的每个部位的位置都考虑到了之后就可以下刀了。雕刻是最后一个步骤，也是最关键的一个步骤，如果这一环节做不好，其他环节做得再好也等于零。雕刻的时候，要集中精神、下刀稳健、干净利落；要胆大心细，该去掉的地方要毫不犹豫地去掉，该处理细节的地方要精雕细琢。雕刻很考验耐心，千万不能浮躁，不然的话就有可能前功尽弃。

需要说明的是，雕刻过程中一定要关注比例，不要久雕不看，尤其作品比较大时，要随时起身从远处查看比例是否协调。在表现线条的时候，粗细要得当，如孔雀腿要雕得细长些。

三、组合雕刻的要点

1. 命题的重要性

为有效避免在组合雕刻过程中出现混乱的现象，在雕刻之前必须明确雕刻作品的题材以及具体的构思，在此基础上对组合雕刻的具体效果进行深入考虑，保证制品与菜肴整体相互协调并能起到促进作用。命题就是确定雕品题材，要考虑宾客对象、宴饮主题、时令要求等多方面因素，才能达到题、形、意三者高度统一。

（1）雕品题材要符合风俗习惯。各民族文化在长期发展过程中形成了自己的禁忌和偏好，确定组合雕刻作品题材时须慎重考虑这一点。例如，国宴中的组合雕刻设计应考虑外国宾客的忌讳，招待来自伊斯兰国家的宾客时禁用猪肉作为原料，禁止雕刻或摆放猪造型的制品；招待日本人忌用荷花造型；招待法国人忌用黄色的花等。

（2）雕品题材要有寓意。例如，我国举行国宴招待外国友好来宾时，雕品常用“百花齐放”“万年长青”为题材，这样能表达“热烈欢迎”“友谊长存”的含义，用我国和外国的国旗、国徽、军旗等作为雕品题材是禁止的。

（3）雕品题材要综合考虑宴席规格、宴席主题、季节等因素。

在制作组合雕刻制品时，不仅要表现出材料美与造型美，还须用一些辅助手段，如围边装饰等让菜肴的艺术性进一步提升，呈现理想的色彩美、意趣美及组合造型美。

2. 构思的缜密性

要根据宴席的性质、规模、档次，客人的层次和情趣等因素构思，设计贴近主题、巧妙、新颖的作品，不应千篇一律。为此，厨师应在充分借鉴中国传统艺术（书法、手工、绘画等）的基础上，加强对组合雕刻的创作构思，充分发挥自身的艺术想象力，结合食品原料特性，利用自身精湛的雕刻技艺进行创作。

只有在制作前经过细心而巧妙的构思，才有做到设计周全，制作时胸有成竹。若没有事先精心构思和考量就随意进行组合雕刻制作，则很难制作出具有特色与艺术价值的制品。

构思主要包括设计造型、选择原料两项内容。在明确宴会主题、雕品题材后设计雕品造型。在明确造型后，要考虑用何种原料制作，要综合考虑原料的质地、大小、形状等，一般形状要规则，表皮要光滑，大小要适中。另外，还要考虑原料的时令性，如盛夏季节可多选用西瓜，秋冬季节可多选用南瓜、冬瓜等。

3. 选料的重要性

能够用于组合雕刻的食品原料有很多，每种原料都有其独特的质地、颜色、光泽、纹理、形状、味道等，这些都是选料过程中需要考量的重要因素，关系到组合雕刻作品的造型设计。在对这些原料进行雕刻时，要遵循扬长避短的原则，将其与菜肴本身紧密联系起来，既与菜肴本身风格统一，又不喧宾夺主。

食品雕刻原料色彩丰富，应根据雕品的色彩造型灵活选用合适色彩的，取料时也要灵活运用原料本身色彩的特点，如雕刻西瓜灯、鱼等作品，在取料时应对颜色突出的部分给予保留，而不宜用食用色素进行调色，只有这样才能体现出原料纯天然的本色和食品雕刻的魅力。

4. 布局的重要性

厨师在继承和发扬传统雕刻技艺的同时，还要具备勇于创新的精神，对组合雕刻作品进行创新设计，充分发挥想象力，灵活布局，让组合雕刻作品更具新颖感和趣味。

布局就是根据组合雕刻作品的题材、原料的形态和大小来安排作品内容。应先安排主要部分，再安排陪衬部分，以陪衬部分来烘托主要部位，使主题突出。例如，雕刻“龙凤呈祥”时，先要考虑龙头、凤头摆放的位置，以及云彩的安排，这些都要合理布置，否则整个画面会显得杂乱无章。

5. 技法搭配的重要性

雕刻时注意采用合适的手法和刀法，运刀准确，不要刻坏作品。

食品雕刻所用的原料大多是比较脆嫩易损的，一不小心就会刻坏（如西瓜、冬瓜等），前功尽弃，因此雕刻时必须耐心细致，正确灵活运用手法和刀法，才能雕刻出理想作品。

四、组合雕刻的应用

组合雕刻作品的应用场景主要取决于雕品的大小、品种等。较大的组合雕刻作品适用于宴席或展台；大型组合雕刻作品适用于大型的冷餐酒会或展台上。

■ 食品雕刻展台是集技能、文化、艺术和地区特色为一体的综合食品雕刻艺术，多用于中、高档宴会，尤其是大型宴会、冷餐会、西餐酒会等。用食品雕刻展台装饰宴会、点缀餐桌，不仅能美化餐厅环境，而且有助于活跃宴会气氛，给就餐者以愉悦的心情和审美的享受，从而提高宴会的格调和品位。

对于参加人数多、规模较大的宴会（如招待酒会、开业庆典、婚宴等），制作的组合雕刻作品应大些、复杂些（多用瓜灯、人物、龙凤等组合雕刻），单独摆放在宴会厅的某个位置上；对于参加人数少、规模小的宴会（如家人聚会、老友聚会、商务宴请等），制作的组合雕刻作品应规模小些、简单些，一般都摆在餐桌中间，高度不宜超过 30 cm，以免挡住客人视线，影响客人交谈。

五、组合雕刻的制作过程

1. 选料

根据设计贴切地选用各种原料，充分发挥原料的天然造型和色彩优势。要大料大用、小料小用，随形设计。

2. 制坯

原料选定后，即可运用刀法将其制成粗坯，粗坯表面要求光滑平整。粗坯形态因不同雕刻制品的需要而定，大致有长方体、正方体、半球体、立柱体等。

3. 雕刻

粗坯制成后可正式雕刻成形。根据不同雕刻品种综合运用各种刀法。若用模型刃刀，则采用模压的方法使之成形。

在雕刻时要掌握雕刻的先后顺序，这样才能节省时间、节省原料、下刀准确、心中有数。先后顺序一般是先主后次、先大后小、先头后尾、先外后里。

（1）先主后次。组装的雕刻作品中，往往以某个题材（或某个部位）为主，其他题材（或其他部位）为辅。制作这类作品时，要先抓住主要题材（部位）的大形和比例，将其整体雕刻好后再雕刻细节（局部）。

（2）先大后小。在一组雕刻作品中，如果不同的题材（部位）在整体构图造型中都占有同样重要的地位，不分主次，在这种情况下，雕刻时可遵循“先大后小”的基本原则，即先雕刻体积占比大的部分再雕刻体积占比小的。

（3）先头后尾。在雕刻大形（大轮廓）的过程中，一般都是从头刻起，然后逐步向尾部雕刻下去，这样的雕法较为顺手，较好把握。在雕刻禽鸟的羽毛和鱼的鱼鳞时，就是如此。

（4）先外后里。食品雕刻的原料是立体的，所要雕刻成的作品也是立体的，存在着里（内层）与外（表层）的关系。雕刻过程中，要先雕物象的表层，然后再依次向里推进，这样是合理、方便的雕刻顺序。

4. 组装

对于花篮、山水、盆景、花瓶等组合雕刻制品，各块料雕刻完成后，尚要进行组装。一般按先繁后简的原则进行组装。组装方法有插接、粘接等。

六、组合雕刻的注意事项

1. 量材切割

衡量一个雕刻师刀工技艺是否高超，不仅在于其能否将原料雕刻成各种精美的形状，还在于其能否合理切割原料。量材切割在雕刻过程中尤为重要，要做到大材大用、小材小用、物尽其用，达到既不浪费原料又能保证成形美观的目的。

2. 安放妥当

果蔬雕品较脆弱，制作过程中应注意轻拿轻放。例如，很多人在雕刻西瓜灯的时候，会将瓜体放在工作台上一边不停转动一边进行雕刻，这时要注意，雕好的部分转至底下与工作台接触时容易被损坏，因此，应在底下垫上几块湿毛巾。

3. 下刀准确

食品雕刻在操作技术上主要是一个减料过程，通过雕或刻，对现有原料的空间形体由外向内进行体积剔减，去掉与造型不相吻合的多余部分，以增加凹凸或减小凹凸来塑造新的形体。食品雕刻一般一次性成形，去掉的体积不可能再补，如果下刀去料失误，二次修整成形，只能缩小比例，越雕越小，造成不必要的原料浪费。

4. 确保卫生

雕刻前，要确保环境、刀具、砧墩等干净整洁，防止对雕品造成污染。雕刻时要快，除节约时间外，还能防止因长时间以手接触而污染原料。另外，要用正确的方法保存原料、半成品和成品，防止变质。

学习单元 2

组合雕刻设计

学习目标

1. 了解组合雕刻设计方法
2. 掌握组合雕刻设计技巧
3. 掌握组合雕刻造型设计工具
4. 掌握造型绘制技巧
5. 了解组合雕刻设计注意事项

一、组合雕刻设计方法

1. 写实

写实即讲究形似，甚至追求以假乱真的境界。写实雕是指用写实的手法真实地再现实物的原貌，不夸张，不变形，可视性强。

2. 写意

写意即讲究神似，将复杂的风景、动植物形象等采用概括、夸张、变形等手法表现出来，以求体现神韵。写意雕是指把实物的形象概括地表现出来，可夸张、可变形，但形散而神不散，雕出的作品有一定的意境。此法要求较高的艺术和技术水平，要求构图简洁、雅致，不可肆意堆砌、渲染，显得大红大绿、庸俗不堪，使人望而生厌。

二、组合雕刻设计技巧

1. 以简寓繁

“简”源自“繁”，是通过认真观察繁复的物象，发现和提炼而成。因此，此“简”不简，含义是深刻而丰富的。

在组合雕刻作品中，从花卉到动物，从建筑到人物，都能采用以简寓繁的设计方法。简，就是简明扼要，抓住重点、难点、特点，精炼后把繁杂的变成简洁的。例如，食雕花篮可繁可简：繁者，花篮的提手、篮沿、篮体、篮底、篮座均要雕刻出不同的纹路（柳条纹、竹编纹）等；简者，如甜瓜花篮，五刀即可出花篮，时间半分钟都用不到，再如“迷你瓜篮”等，简而不俗。再如，大虾的泳足本来有两排，每排五条，步足两排，每排五条，雕刻时可将泳足减少一排，步足每排减为三条，这样既便于雕刻又不影响作品效果。这些设计都是以简寓繁的应用。

2. 以藏显“境”

巧妙运用藏景技巧不仅可使作品简练，还能增加作品意境。三人同时画古寺，第一位画了寺院的全景；第二位画了古寺的一角；第三位只画了通向深山的石阶路，以及一个和尚在溪边打水。显然第三位的表现形式是最好的，因为“景愈藏，境界愈大”。在组合雕刻作品中，表现“龙头”和“全龙”的意境就不一样。所谓“神龙见首不见尾”，将龙身、龙尾藏在天空的祥云中更有意境。

3. 以少胜多

对于组合雕刻来说，并不是组装部分越多就越好，有时精致简单的作品能够更好地体现意境，这就是典型的“以少胜多”。对雕品的组装能够让整体作品更富有层次，更好地展示情趣，表达更多的意义。在具体实践中，组装的雕品应多还是少，构图要密还是疏，要根据具体情况而定。就拿花卉雕刻来说，有许多种花能够被雕刻出来，进行不同的组装就能展示出不同的意境。少数几朵简单的花组装能够营造清新淡雅的风格，如图 3-2 所示，而很多的花组装在一起则能够营造繁花似锦的氛围，如图 3-3 所示。

三、组合雕刻造型设计工具

1. 素描

素描是造型的基础。食品雕刻是一种造型艺术，如果雕刻者没有经过良好的素描练习，就很难把握好食品雕刻的造型。一般用素描进行草图设计。一件食品雕刻作品只有在比例、空间构成上提高准确性，才能使成品栩栩如生。因此，具备一定的素描造型基础是掌握食品雕刻技艺的前提。

2. 白描

白描训练对提高食品雕刻水平有很大的帮助。进行食品雕刻前，可以用白描的手法在原料表面画出图案，再进行雕刻。这种方法适用于初学者，也适用于对雕刻不太有把握时，可有效提高成功率。例如，雕刻冬瓜盅时，可先用笔在冬瓜表面画出比例适当的图案，再刻出明显的轮廓。平时，在进行食品雕刻前，可以先完成草

图 3-2　清新淡雅的花卉组合雕刻

图 3-3　繁花似锦的花卉组合雕刻

图再进行实物雕刻，这样设计的形象就会印在头脑中，雕刻时就会更得心应手。

四、造型绘制技巧

在雕刻西瓜盅、西瓜灯、冬瓜盅、南瓜盅时，要将瓜体均匀地分成几个面（一般是 3~4 个面），在每个面上画出边框（圆形、椭圆形、长方形、扇形等），再画出边框内的图案。而有些作品的图案是没有边框限制的（如镂空雕的龙凤、花卉等）。无论是否有边框，都需要在有限的空间内合理布局和雕刻造型。在画造型图案时，可选择运用比例法、动势曲线法、几何法提高造型准确性，尤其是初学者。

1. 动势曲线法

所谓动势曲线法就是画出最能表现物象形态变化特点的曲线，适用于画动物形象。例如，先切出楔形或厚片形的坯料，在坯料的侧面画出动物的外形轮廓，此时，可先画出动势曲线，然后用比例法将动势曲线分段，最后在动势曲线的侧面画上适当的几何图形，这样，动物的大形轮廓就很快地勾画出来了。

2. 比例法

比例法就是将物象各部位的大小、长短、高低等用比例形式确定下来，以保证所雕对象外形准确，比例恰当。例如，刻人物时，人的身长应是头长的7~8倍；刻天鹅时，天鹅的脖子长度要与身长相当；刻仙鹤时，仙鹤的腿长要占身高的一半左右。养成用比例法对所刻物体进行分析，可有效地防止雕刻中出现比例失调现象。

3. 几何法

所谓“几何法”就是将所刻的动物看作几个简单几何形体的组合。在雕刻之前，先将雕刻对象的外形分解成几个基础几何形体，这样在雕刻的时候就会比较容易把控造型。基础形体是指组成自然界中各种复杂物体的最基础的几何形体。基础几何形有正方形、长方形、三角形、梯形、平行四边形等；基础几何体有正方体、长方体、球体、圆柱体、圆锥体、多面球体等。雕刻时注意，这些被抽象出来的几何体无论在何种姿势下都是不变的，它们连接在一起形成了动物本身并表现动物的各种动作，雕刻时要保证这些几何体的完整性，否则动物的外形就不准确了。例如，刻一种鸟，无论是什么鸟，都可把鸟的头和身子看作两个鸡蛋形，对于脖子较长的鸟如仙鹤、凤凰、天鹅、孔雀等，可将脖子看作一段S形弯曲的圆柱体，连接头和身子；对于脖子较短的鸟如鹦鹉、相思鸟等，可将其抽象为两个大小不同的套在一起的鸡蛋形。再如，刻神仙鱼时，可将其形状看作两个三角形套在一起；刻展翅飞翔的大雁时，可将其身体形状看作一把调羹；刻鹿时，可把鹿的头看作一个三角形，把比较发达的胸廓、臀部看作两个圆。

在雕刻任何一种动物之前都不要急于下手，先仔细分析一下，看各个部位可以抽象为哪种几何形，怎样组合在一起的，养成这样的习惯有利于精准把控雕刻形体。

相关链接

组合雕刻中的常见造型及其寓意

1. 人物

组合雕刻中的人物造型大多取材于神话、典故，或为一些典型形象，如寿星、渔翁、财神等。往往表现人间的美好和平，或表达福、寿、富等祝福。

2. 龙

龙造型独特，多是威严高贵的象征，是中华民族的标志。彩画艺人在画龙的实践中，对行龙、坐龙、降龙总结出“行如弓，坐如升，降如闪电，升腆胸”以及“劲忌胖，身忌短，三弓九曲，十二脊刺”的特点。组合雕刻中的“龙”也可参考这些特征总结制作。

3. 禽鸟

（1）凤。凤在古代被视为神鸟，是人们想象中的保护神，居百鸟之首，聚天地灵气，象征美好与和平。

（2）鹤。鹤外表洁白，富有仙气，形态高雅，多用于寿宴。

（3）鹰。鹰是一种猛禽，体态雄伟，气势威猛，多用于表达刚毅、雄健和鹏程万里的祝福。

（4）孔雀。孔雀是美丽的象征，寓意华丽富贵。

（5）鸳鸯。鸳鸯是爱情的象征，表达情侣间相守相伴的意思，和喜鹊一样多用于婚宴。

（6）小型鸟类。在组合雕刻中常出现黄雀、鸽子、喜鹊等形象，给画面带来灵动感，常寓意美好、和平、热闹、喜庆等。

4. 兽

兽的种类繁多，组合雕刻中的兽多取材于十二属相，寓意吉祥。

5. 龟、鱼、虾

龟是海中神物，寓意长寿。鱼、虾小巧玲珑，可用于活跃气氛，庆贺物质富足、幸福生活。

6. 船与灯

船基本以小舟、帆船为代表，寓意深刻，其造型古朴、典雅，通常以一帆风顺为主题，可作为菜肴的盛器。灯是光明和希望的象征，样式繁多。

7. 花与花瓶

花与花瓶表示祝福、幸福、平安、美化之意。

五、组合雕刻设计注意事项

1. 符合宴会主题

组合雕刻作品普遍应用于大型宴席上，而每个宴席的档次、主题都有所区别，因此在不同主题的宴席中需要使用不同的组合雕刻作品。例如，庆功宴中的食品雕刻作品，常用老鹰、马、鲤鱼、牡丹花等形象构建“大展宏图”“锦绣前程”“马到成功”“独占鳌头”等主题，烘托美好气氛；迎客宴中常用“鼓瑟吹笙”来表达欢迎之意；“龙飞凤舞”“鸳鸯戏水”“佳偶天成”等作品用于婚宴；“八仙拱寿”“麻姑献寿”等作品用于寿宴；“月满情圃”“嫦娥奔月”等作品用于中秋赏月宴；“迎春纳福”“年年有余”“福禄寿三星”等作品用于春节团圆宴；“一帆风顺”“华厦开新”等作品用于开张喜庆宴。

提供中餐的大型宴席一般使用直径为 1.5～2 m 的圆桌，由于桌面直径大，若在中间摆放菜肴，客人不易拿取，特别是实行分餐制后，中部更容易出现空位。因此，可在桌面中间摆放组合雕刻作品来弥补和美化。在中小型宴席上，可将用花卉雕刻作品插成的花束放在菜肴中间进行装饰。

相关链接

组合雕刻的主题

1. 吉祥

吉祥是组合雕刻的重要主题，很多组合雕刻作品都是以吉祥为主题的，如“戏珠团龙”“祥瑞宝瓶”等。

2. 富贵

富即财产多，贵即地位高贵。寓意富贵的食品雕刻形象很多，其中，牡丹最为典型，其有“花中之王”的美誉。组合雕刻作品有“花开富贵”“凤戏牡丹”等。

3. 喜

喜是欢乐高兴之意，人们都期望生活喜乐。很多组合雕刻作品都与喜有关，如“喜上梅梢”“喜鹊登梅”等。

4. 福

生活幸福是人们的追求，祈求幸福也是组合雕刻中一个十分重要的主题。相关作品有“福到莺歌”“和平是福”等。

5. 禄

禄意指升官，蕴含祝愿步步高升、飞黄腾达之意，是传统食雕主题。相关作品有“指日高升”“封侯挂印”“生财有路”等。

6. 寿

健康长寿是人们的向往，有关长寿的典故、题材很多。相关作品有“寿山福海”“篮中仙桃”“八仙祝寿”“抱桃寿星”等。

7. 爱情与婚姻

爱情忠贞、婚姻美满是人们向往和追求的目标。相关作品有“牛郎织女”“龙凤呈祥”“鸳鸯共济”“天使莺歌”等。

8. 避邪

避邪是一种传统的雕刻主题，从远古的石器时代一直延续到现代文明社会。相关作品有“聚八仙”“观音降龙”“蛟龙出海”等。

2. 精选原料

食品雕刻原料丰富多彩，常用的有瓜果类、根茎类、叶菜类、蛋品类、熟食制品等。组合雕刻作品用料较多，雕刻者既要会广泛运用食品原料，又要懂得正确选择原料。除须遵守新鲜、卫生、应季等一般食品雕刻原料选择原则外，对于组合雕刻来说，重点要关注原料大小、形态和色彩。例如，在选择瓜雕原料时，要注意选择新鲜、色泽均匀、形态美观、大小合适的瓜类原料，这样才能保证有一个好的雕刻基础。

（1）要根据雕品的大小与形态选择原料。组合雕刻作品有大有小，形状千姿百态。要快速高效地雕刻出精美的作品，必须学会选择适当大小、形状的原料，即最好选择最大限度满足雕品形状、大小要求的原料，这样可以减少修整时间，节约原料，使其物尽其用。

（2）要根据雕品的色泽选择原料。组合雕刻作品色彩往往十分丰富，选料时最好选用自然色泽与雕品要求的颜色非常接近的原料，再巧妙配色，以达到最终的色彩效果。进一步丰富原材料，实现色彩的多元化，可让设计思路更加开阔。雕刻者要充分结合原料的色彩特点进行设计。例如，利用新鲜的橘黄色胡萝卜雕刻鲤鱼，这样的作品往往更逼真、更自然。

3. 品名雅致

组合雕刻作品色彩丰富，造型美观，给人以艺术美的享受。一般组合雕刻作品都配有一个雅致的品名，起点明主题、烘托意境的作用。

学习单元 3

组合雕刻的色彩

学习目标

1. 了解色彩基础知识
2. 熟悉组合雕刻作品的色彩分类
3. 掌握组合雕刻的配色
4. 掌握组合雕刻的色彩调节方法

一、色彩基础知识

1. 色彩的三大属性

（1）色相。色相是指色彩的相貌，常用不同的名称表示，如玫瑰红、橘黄、翠绿、钴蓝等。从光学上讲，色相是由射入人眼的光线的光谱成分决定的。红花的色相是红，绿叶的色相是绿。

（2）明度。明度是指色彩的明暗深浅程度。在红色、橙色、黄色、绿色、青色、蓝色、紫色中，黄色的明度最高，紫色的明度最低。在烹饪中，有时需要通过提高菜肴的明度来增强菜肴的美感。

（3）纯度。纯度是指色彩的纯净程度，也称饱和度。标准色纯度最高。纯度较高的色彩鲜明突出，但容易使人感到单调刺眼。纯度降低一点，色感则柔和。要降低某一色的纯度，可以在这种颜色中加入其他的颜色。在烹饪中，有时可以通过烹调方法提高原料的纯度和明度，使原料色泽显得更美观，如绿色蔬菜正确焯水后，墨绿色可变成鲜绿色。

2. 色彩的分类

丰富多样的色彩可以分成两个大类：无彩色和有彩色。

（1）无彩色。无彩色是指白色、黑色和由这两种颜色调和形成的各种深浅不一的灰色。理想的完全反射光的物体呈纯白色，理想的完全吸收光的物体呈纯黑色。

（2）有彩色。有彩色是指红色、橙色、黄色、绿色、青色、蓝色、紫色等颜色，不同明度和纯度的这类颜色都属于有彩色系。

3. 色相环的组成

色相环是一种圆形排列的色相光谱，色彩按照光谱在自然光中出现的顺序来排列。色相环分为十二色相环（见图 3-4）、二十四色相环等，通常由三原色、三间色和三次色组合而成。

图 3-4 十二色相环

（1）三原色。所谓原色，又称第一次色或基色，是指色彩中不能再被分解的三种基本颜色，是可用来调配其他色彩的基本色。一般来说，我们把红色、黄色、蓝色三色称为三原色。

（2）三间色。三间色是由两种原色调配而成的颜色，又称二次色。红色、黄色、蓝色是三原色，橙色、绿色、紫色是三间色（红色加黄色变橙色，红色加蓝色变紫色，黄色加蓝色变绿色）。

（3）三次色。三次色由三种原色按不同比例调配而成，或由原色与间色、间色与间色调配而成，又称复色。三次色因含有三原色，所以含有黑色成分，纯度低。复色种类繁多，千变万化。

4. 色彩对比

色彩对比包括色相对比、明度对比、纯度对比、冷暖对比等。其中，色相对比根据两种颜色在色相环上的位置距离远近分为同类色对比、邻近色对比、对比色对比和互补色对比，如图 3-5 所示。

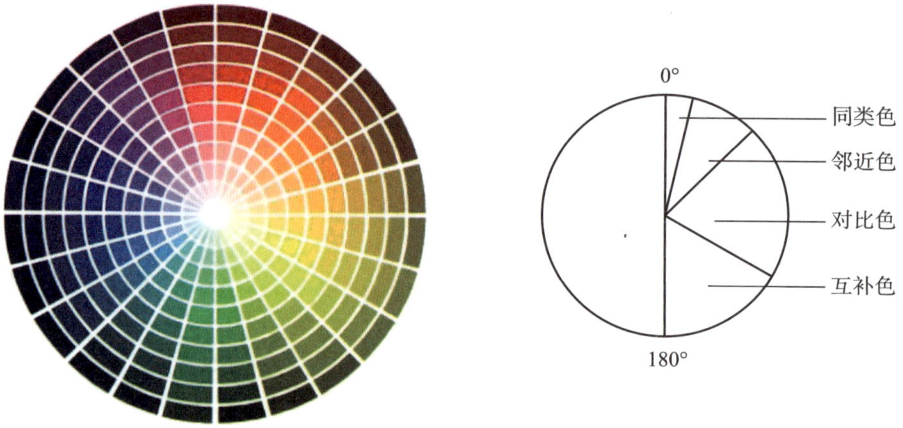

图 3-5　色彩对比

在色相环中，色距最远（相距 180°）的颜色互为互补色（如红色与绿色、蓝色与橙色、黄色与紫色）。将互补色放在一起，会给人强烈的排斥感；若混合在一起，会调出混浊的颜色。

5. 色彩关系的三个方面

（1）固有色。固有色是指物体在正常日光照射下所呈现出的固有的色彩。

（2）光源色。由于各种光源（如白炽灯、太阳发出的光）光波的长短、强弱、比例性质不同，形成不同的光色，称作光源色。例如，普通灯泡的光含黄色和橙色的光较多而呈现黄色，普通荧光灯含蓝色的光较多而呈现蓝色。

（3）环境色。物体表面受到光照后，除吸收一定的光外，也能将光反射到周围的物体上，尤其是光滑的材质，其具有强烈的反射作用。环境色的存在和变化加强了物体与环境相互之间的色彩呼应和联系，也大大丰富了画面的色彩。

6. 色彩的视觉质感

色彩学家伊顿在《色彩艺术》中讲了一个故事：一位实业家举行舞宴招待宾客，在宾客围住摆满美味佳肴的餐桌就座之后，主人打开红色灯光照亮整个餐厅，肉食看上去颜色鲜嫩，令人食欲大增；主人又打开了蓝色灯光，肉食显出腐烂的样子，看起来像发了霉一样，令人倒胃口，人也像行尸一样，宾客们急欲起身离开，没人再想吃东西了；主人又笑着打开了白色灯光，聚餐的兴致很快又恢复了。这说明色彩能够对人们的心理产生不同的影响。

（1）进退与缩胀。纯度高的色彩刺激性强，引起视网膜兴奋的作用大，有前进感、膨胀感；纯度低的色彩刺激性弱，引起视网膜兴奋的作用小，有后退感、收缩感。明度高的色彩有前进感、膨胀感，明度低的色彩有后退感、收缩感。红色、橙色、黄色有前进感、膨胀感，蓝色、蓝绿色、蓝紫色有后退感、收缩感。暖色有前进感、膨胀感，冷色有后退感、收缩感。

（2）轻重与软硬。明度低的色彩显得重，感觉硬；明度高的色彩显得轻，感觉软。在同明度、同色相条件下，纯度高的色彩感觉轻、软，纯度低的色彩感觉重、硬。

（3）华丽与朴素。纯度高的色彩给人华丽的感觉，而纯度低的色彩给人朴素的感觉。明度高的色彩给人华丽的感觉，而明度低的色彩给人朴素的感觉。暖色给人华丽的感觉，而冷色给人朴素的感觉。

（4）积极与消极。影响视觉质感最明显的色彩属性是色相，其次是纯度，再次是明度。红色、橙色、黄色等是最令人兴奋的积极色彩，而蓝色、蓝绿色、蓝紫色等是让人的感觉沉静、忧郁，是消极色彩。纯度高的色彩给人的感觉积极，而纯度低的色彩给人的感觉消极。高明度的色彩（同纯度、同色相）给人感觉积极，而明度低的色彩（同纯度、同色相）给人的感觉沉静、稳重、消极。但明度高低与色彩的积极、消极的关系比较复杂，随着具体的纯度、色相的不同而不同。

二、组合雕刻作品的色彩分类

在形象生动的组合雕刻作品中，有些作品五彩缤纷，有些作品颜色单一。

1. 单色作品

单色作品一般选用的原料有白萝卜、南瓜、芋头（荔浦芋头）、青笋、豆腐等，多用一种原料来表现作品。例如，用洁白的萝卜雕刻一件作品，在灯光照射下，其晶莹透亮，犹如玉雕作品，远观可以以假乱真。单色作品虽然没有鲜明的颜色对比，但整体给人非常纯洁、别致的感觉，由于单色作品整体为一种颜色，观赏者往往会更注意作品的形象程度和刀工的精细程度。因此对雕刻者来说，单色作品是对刀工的考验。单色作品就是利用精细的刀工、别致的设计来取胜的。图 3-6 所示为一组单色作品。

图 3-6 单色作品

2. 双色作品

双色作品可大可小，其主要通过颜色对比突出主要部件，以一种颜色来突出另外一种颜色的重要性。例如，先用南瓜雕刻一些热带鱼，再配上用白萝卜雕刻的水石（即水中的石头），这样就可以更突出热带鱼的形象。图 3-7 所示为两组双色作品。

图 3-7 双色作品

3. 多色作品

多色作品是以多种不同颜色的原料进行设计雕刻的作品，往往以鲜明的色彩来吸引观赏者的眼球。在“海底世界”作品中，各种颜色的鱼类、水草、水石等组合在一起，五彩缤纷。多色作品较常见于大型雕刻作品中。多色作品色彩方面要有鲜明对比，选料方面要搭配各种颜色的果蔬原料，但需要注意的是避免混乱，整体节奏感要强。图 3-8 所示为两组多色作品。

图 3-8　多色作品

4. 调色作品

调色作品是新兴的一种形式，其不是利用原料的自然色进行制作，而是用人工色素进行调色制作。琼脂雕能很好地满足一些雕刻者对色彩的要求，其作品可调成各种色彩，形成不同风格。另外，还有上色雕刻作品，即将调好的色浆倒入喷枪里，用其对雕刻作品进行喷色，效果也不错。不过这样的雕刻作品在使用范围上有局限性，因为和菜肴进行搭配使用时要注意卫生问题。图 3-9 所示即为调色作品，其叶子和菊花部分都经过调色处理。

图 3-9 调色作品

三、组合雕刻的配色

食品雕刻材料为果蔬，而果蔬的本色已是缤纷灿烂，莴苣如翠玉，萝卜（白萝卜）似象牙，雪梨赛水晶等，食雕主要是充分利用和展现这些食材的天然色泽之美，而不是用色素过度渲染，变美为丑，弄巧为拙。

食品雕刻色彩搭配的主要方法有同类色、邻近色的组合，对比色、互补色的组合，单一或多种色彩的明度或纯度渐变组合等。无论是用哪一种配色方式，皆应注重协调和平衡。

1. 配色注意事项

（1）色彩的合适性，即色彩和表达的内容、宴席的气氛相适应。

（2）色彩的联想性，不同色彩会让人产生不同的联想，蓝色让人想到天空，黑色让人想到黑夜等，选择色彩时要将其和作品的内涵相关联。

2. 配色原则

（1）深、浅色搭配，如黑色与白色、深绿色与浅灰色都可以搭配使用。

（2）邻近色搭配，如黄色与绿色、红色与紫色、红色与橙色、橙色与黄色搭配等。

（3）同类色搭配，如浅黄色与深黄色搭配。

（4）冷、暖色搭配，冷、暖色的关系是依靠对比，由人的自然生活经验而产生，搭配起来也很有特色。

（5）中性色搭配，中性色可以和任何颜色进行搭配。

（6）对比色搭配，如红色与绿色、黄色与紫色、蓝色与橙色、黑色与白色搭配。

（7）互补色搭配，如红色与绿色、黄色与紫色、蓝色与橙色。这些互补色按一定比例搭配在一起，对比很鲜明。

3. 配色技巧

（1）无彩色能和一切颜色相配。

（2）在配色时，鲜艳明亮的色彩面积应小一点。

（3）暖色系与黑调和，冷色系与白调和。

（4）要有主色调，不要平均对待各色，这样更容易产生美感。

四、组合雕刻的色彩调节方法

组合雕刻多利用原料本身的色彩，这样雕刻出的作品自然、淡雅，给人以朴实真切的回味，是一种好的表现方式。但有时雕品色彩单调，需要调节，此时可适当使用下面的方法。

1. 借色法

借色法即为使雕品美观，用色彩鲜艳的蔬菜瓜果刻件进行镶嵌等。利用植物的天然色彩刻小件装饰镶嵌时，不要几种颜色占比一样多，色彩的浓淡要搭配合理。有人认为各种颜色都有就会鲜艳漂亮，实际那是很不妥当的，过多的颜色往往给人繁杂混乱的感觉，色彩上应分清主次，注意对比。

2. 泡色法

在容器中溶解食用色素，形成一定色彩的液体，然后将雕品投入泡一定时间，把雕品涂染得绚烂多彩。这种方法多用于平雕作品与小型花卉雕品等。应用这种方法时，应注意颜色的浓淡，适可而止，用色太浓会令人生厌。

3. 弹色法

为了美观，雕品有时不需要全部改变颜色，只需要部分染色，此时可使用此法。

具体操作方法是用一把洁净牙刷略蘸色液，对准要染色处，用手指压摩刷毛，刷毛弹起时将色液弹成雾状，对雕品进行染色，再压摩刷毛几次后即可完成上色。用这种方法着色，效果既可浓如染，又可淡如烟。操作时，要根据雕品着色需要控制色液弹出量的多少，制作出所需要的色彩效果。用弹色法配出来的色彩效果柔和而不生硬，十分美观。这种方法是大型组合雕刻常用的一种方法。例如，用萝卜刻一条组装的龙，因雕刻原料的颜色不尽相同，龙身上有的地方白，有的地方绿，突出表现在两种原料的衔接处，进行必要的着色便会使白、绿两色协调起来。

4. 喷色法

喷色法是利用喷枪上色的方法，现在在食品雕刻中的应用也较广泛，其特点是颜色均匀，过渡协调，能喷出千变万化的色彩。

- 使用色素着色一般不宜“浓妆艳抹”，尤其是应用于大型雕刻作品时，只要淡淡着色即可，否则会令雕品失去原料本身的天然色彩。
- 着色时要注意，非食用性色素绝不可使用。

学习单元4

组合雕刻的雕刻技法运用

学习目标

1. 掌握整雕技法
2. 掌握零雕技法
3. 掌握镂空雕技法
4. 掌握浮雕技法
5. 掌握套环雕技法
6. 掌握模扣技法

组合雕刻花样繁多，无论是花鸟鱼虫、风景建筑，还是人物盆景、飞禽走兽，无不栩栩如生。组合雕刻作品多由多种原料雕刻拼接组装而成，其中运用了多种雕刻技法，具有可拆卸的特点。

一、整雕

整雕是指将一整块原料雕刻成一个完整独立的立体造型，如花瓶、凤凰等，其特点是具有整体性和独立性，立体感强，不需要辅助支持，可单独摆设，造型上下、左右、前后均可供观赏，有较高的欣赏价值。这种雕刻难度系数较大，制作者需要具有一定的美学基础和立体雕刻技艺。图3-10所示即为一个简单的整雕作品。

图3-10　简单的整雕作品

二、零雕

零雕是指将多块原料分别雕刻成某个物体的各个部件。零雕需要通过组装形成完整的物体形象，特点是雕刻方便，组装后色彩丰富，形象逼真，立体感强。从某种意义上说，零雕组装作品也是小型的组合雕刻作品。

一般情况下，因果蔬原料体积的限制，食品雕刻作品不可能像石雕作品那样伟岸，而利用组装方法却可以克服这个缺点。组装造型最能延伸空间，造就空间。零雕组装特别适合一些形体较大或较复杂的物体形象的雕刻，如大型展台上的孔雀开屏、凤凰展翅、龙凤呈祥等。

相关链接

零雕组装

零雕组装采用了食品雕刻中的多种技巧，其在操作时，主要是先雕刻主体部分，再通过添加次要部分的手段弥补主体雕刻原料在形状、长短、颜色上的不足，最后通过点缀部分形成整体协调美观的画面。它可采用切、削、掏、挖、旋、刻、镂、凿、对接等多种技法与技巧来完成组装。

零雕组装作品可分为以下两类。

1. 单件零雕组装

单件零雕组装是指将两块或两块以上的原料分别雕刻成形，然后组合成一个完整物象。

2. 多件零雕组装

多件零雕组装是将多块原料（一种或多种不同的原料）雕刻成多个物象的各个部位（部件），再将这些部位（或部件）组装成一组完整而复杂的群像，如鹤鹿同寿、仙女散花等。其特点是色彩鲜艳，形态逼真，不受原料大小、色彩的限制。这种方法适宜组装大型作品。

三、镂空雕

镂空雕一般是在浮雕的基础上，将表面刻画图案中不需要的部分去掉，形成空、透特色，以便更生动地表现出图案。雕刻西瓜灯时就用到这种雕刻方法。

镂空雕可将原料壁穿透，刻成具有空、透结构的图案，如将瓜类原料表面的某些部分戳透镂空（要先挖净瓜瓤）。被镂空的部分多是图案的空余部分。镂空雕多应用于西瓜或南瓜雕成的瓜灯上，也可用于雕刻萝卜球等。图 3-11 所示菜肴中用南瓜雕刻的孔雀迎宾玲珑盖就运用了镂空雕的技法。

图 3-11 运用镂空雕的孔雀迎宾玲珑盖

四、浮雕

浮雕是指在原料的表面雕刻出凸起或凹下的各种图形花纹，其装饰性强，图案简洁，常用于西瓜盅、冬瓜盅、花瓶等的制作。

1. 阳纹浮雕

浮雕花纹向外凸出的称为阳纹浮雕或凸雕。在原料表面刻画范围内，先将所要雕刻的图案画在上面，再把所要表现的图案之外的多余部分（背景）刻掉，留下凸出的、高于表面的图案的雕刻方法称为阳纹浮雕。阳纹浮雕适用于刻制亭台楼阁、人物、风景等，具有半立体、半浮雕的特点，可根据画面的设计要求逐层推进，体现很高的艺术性，但雕刻难度较大，要求较高。

阳纹浮雕按照雕刻的深度又可以分为浅浮雕和深浮雕。

（1）浅浮雕。浅浮雕是瓜雕方法中最简单的一种雕法，就是用刻线刀（或木刻刀等）直接在原料表面上刻出较浅的线条图案（如山水、花鸟、鱼虾等），图案部分略有凸凹，又称平面雕。

（2）深浮雕。深浮雕的雕刻深度则比浮雕深得多，图案凸出，立体感较强，又称高浮雕。假如选取的料块整体厚度为 2 cm，那么图案的高度应在 1 cm 左右。深浮雕多用主刀雕出，某些部分也可用 U 形戳刀或 V 形戳刀刻出，较少使用刻线刀、木刻刀。在瓜雕中，深浮雕多应用于南瓜雕或西瓜雕。图 3-12 所示为运用了深浮雕技法的南瓜雕刻作品——秋韵如意冷餐盖。

图 3-12 运用深浮雕的秋韵如意冷餐盖

2. 阴纹浮雕

与阳纹浮雕相反的称为阴纹浮雕或凹雕，即花纹向内凹进、背景凸出的雕刻方法，其雕刻速度较快，难度较小，但表现效果不如阳纹浮雕。阴纹浮雕一般使用三角戳刀刻出。

同一种花纹图案既可以用阳纹浮雕，又可以用阴纹浮雕，应视具体情况而定。初学者可事先将图案画在原料上，再动刀雕刻，这样效果会更好。冬瓜盅、西瓜盅、瓜罐等运用了浮雕。

五、套环雕

套环雕其实是一种特殊的镂空雕，是用瓜雕刀挑出的各种套环。套环的上部与瓜体分离，而套环的根部与瓜体相连，在一对方向相反而互相嵌套在一起的套环底下将瓜皮切开，两部分瓜皮会因为套环的存在而连在一起，形成似断非断的效果。套环雕主要应用于雕西瓜灯。特殊情况下，也可在南瓜、萝卜、哈密瓜、黄河蜜瓜、伊丽莎白瓜等表面雕刻出各种环状表皮与母体脱而不离、各环相互连接的套环。制作时，先在原料表面刻出各种环状图案，将要分离部分的表皮铲起，并留部分与母体相连，再在其中分割出一定形状，使其能凸出于瓜体并因环的连接而不脱离瓜体。

六、模扣

模扣是指用不锈钢片或铜片弯制成的具有各种动物、植物等外部轮廓的模型刀进行食品刻制。使用时，先将雕刻原料切成厚片，把模型刀放在原料上，用力向下按压成形，然后将原料一片片切开。如果原料是蛋糕、火腿等熟制品，可直接入菜食用。

组合雕刻就是将上面几种雕刻方法组合在一起的应用。以“双鹤西瓜灯”为例，展翅飞翔的两只仙鹤运用了整雕，西瓜灯的主体部分运用了套环雕，套环之间的空余部分运用了镂空雕，瓜灯底座则运用了浮雕。

学习单元 5

组合雕刻的组装

学习目标

1. 熟悉组装操作要领
2. 了解组装类型
3. 掌握组装技法
4. 了解组装注意事项

雕刻是一种艺术，雕品组装也是一种艺术，它能通过拼装艺术作品再生产艺术。若组装不当，即使各部分雕刻得巧夺天工，最终的成品效果也不会令人满意。

组装解决的是雕刻原料在大小、长短等方面的不足和颜色上的单调问题，可使作品显得更加完整大气、色彩丰富，同时增加食品雕刻构图造型的艺术想象空间，为创作大件组合雕刻作品奠定了基础。

一、组装操作要领

组装工艺复杂，要按所构思物象的结构比例和特定位置准确组装，各个部位的零雕部件与整雕部件的组装比例要适当，即大小、长短、高矮要比例协调，使作品完美统一，从而突出作品的艺术效果。围绕设计形象进行组装时，一般先安装主体部分，再安装次要部分，最后安装点缀装饰部分。安装时，须注意各部分的相对位置，用正确的方法进行组装。

以“群鹤祝寿”作品为例，主体部件是用长南瓜雕刻的各种姿态的仙鹤的头、颈、躯干及腿（整体），由于不同姿态的仙鹤具有不同形态的翅膀，因此仙鹤的翅膀要分别单独雕出，组装时，先用牙签将各个不同形态的双翅分别插在不同姿态的仙鹤身体上，再用相思豆点缀双眼，用半圆片红菜头点缀仙鹤的丹冠，最后将雕刻出的仙桃安插在适当的位置，点缀上松针（香芹）。

二、组装类型

1. 整雕和零雕组装

整雕和零雕组装是指将整雕作品和拼装成形的零雕组装作品进行装配组合，

完成一组表现完整意境的雕刻作品。如创作“锦绣前程”，首先要整雕出一只昂首挺胸、造型完整生动的锦鸡，再分别取料雕刻出假山、花卉、竹子、草丛等进行组合装配，最后将整雕锦鸡与其组装形成完整画面。

2. 纯零雕组装

纯零雕组装先通过组装形成各个独立的零雕小组合形象后，再根据整个作品的要求将这些零雕小组合形象组装成完整的作品形象，形成意境。如创作雕刻“百鸟朝凤”，此作品中鸟的形态各异、复杂多样，且整个作品组合性强，要求协调统一于“朝凤”的主题。在制作时，要先雕刻组装出“凤凰”的主体形象，再分别取料雕刻组装出鸳鸯、仙鹤、白鹭、锦鸡、相思鸟、鹦鹉、杜鹃、天鹅、黄鹂、孔雀等众多禽鸟形体，然后雕刻出点缀物，再将主体摆放在中心位置，然后摆放形态各异的禽鸟，再配以陪衬物和点缀花草，突出“朝凤”的意境。

3. 纯整雕组装

纯整雕组装的特点是各组成部分采用整雕技法各自独立成形，又一起组成一整体。例如，“群象嬉戏”“群鹿奔逐”“金鱼戏水”作品中，各种不同形态的象、鹿、鱼都采用独立整雕的形式，组装时根据主题进行组合搭配，再配以花木、水草等陪衬点缀，力求使整个作品形象生动、自然有趣。

组装讲究构图造型艺术的完整统一，要求造型构图协调、自然、和谐，组装时零雕部件与整雕部件、主体与陪衬之间的比例关系恰当。根据主题构思进行插接、粘接、榫接、镶嵌、摆放等时，必须按照事物形态规律和艺术法则做出恰当合理的组装安排。

三、组装技法

1. 插接

插接是指用插牙签的方式将不同的形体部分接在一起，形成作品。例如，大型的龙头、龙尾及龙爪，可采用竹签、牙签等安插对接在龙身上，使整个龙造型完整大气。插接主要用于大型禽鸟等的羽翅、丹冠、腿爪的组装。

2. 粘接

粘接是指用 502 胶水或其他能直接粘住原料的胶水连接零雕部件或形体断裂部

分，使其固定在特定的位置上。

3. 榫接

榫接是指利用形体的凹凸榫缝互相咬合连接形体，使造型连贯一致。要求接合处严丝合缝，看不出咬合的痕迹。

4. 镶嵌

镶嵌主要是指将零雕部件直接嵌在整雕部件的夹缝接口处，像木楔子一样。此技法主要运用于各种小型禽鸟的羽翅、腿爪的组装。

5. 摆放

摆放主要是指根据构思艺术性地放置安排所雕的各部件，力求达到完整统一、合乎题意，使组合雕刻作品比例协调自然。

相关链接

其他造型手法

组合雕刻实践中，有时还会采用下列手法完成整个造型。

1. 拉抻

例如，将胡萝卜切成长方体，两侧分别交错等距直切三分之一深度，然后再卷批成大薄片，一抻一拉即成渔网形。

2. 卷裹

例如，将西红柿批成长条，再卷裹成月季花；再如，将胡萝卜长方片对折，在折叠处等距、等长地切均匀的缝口，再从一端卷到另一端即成绣球花。

3. 折叠、扭转

例如，将黄瓜、萝卜切成蓑衣状，再将其折叠扭转成佛手、兰花等形状。

4. 变形

有些食雕原料形体厚薄不均，吸水或失水后，在弹性、张力、应力等的多重变化作用下自然扭曲变形。例如，用大白菜梗刻菊花，水泡后能形成巧夺天工的效果。鸟的羽毛、瓜灯上的瓜环非经水泡，不能卷翘、挺括。其他作品水泡后，也都会有不同程度的变形，达到意想不到的艺术效果。

四、组装注意事项

1. 构图美观

无论是在较大的部件上的组装，如在凤凰身上粘上翅膀、尾羽、凤冠等，还是若干个小作品的组装，如将鱼、虾、小鸟等通过假山石、云朵、浪花等粘在一起形成一个大的作品，组装时都要注意构图美观、造型生动，不要死板。

2. 装饰得当

要把组合雕刻作品最精彩的部分展现给客人，对于作品中的瑕疵部分，要想办法用绿叶、云朵等遮挡修饰一下。添加装饰时，不能强加，显得生硬，而要符合造型美的规律，达到自然的效果。

3. 适时组装

各部件雕刻好后并不能马上使用时，可先将雕好的部分用保鲜膜包好，放在冰箱内保存，使用前 2～3 小时再开始组装。

总之，要掌握组装的技法与技巧，平时除了要加强食雕造型的实践操作外，还要加强个人艺术修养，掌握造型艺术美的规律和法则。

学习单元 6

原料、半成品与成品保存

学习目标

1. 掌握原料保存方法
2. 掌握半成品保存方法
3. 掌握成品保存方法

食品雕刻的大部分原料都含有水分，如果保管或使用不当，极容易变形或损坏，既浪费原料和时间，又影响宴席效果。为尽量延长储存和使用时间，应注意食品雕刻原料保存方法，以及半成品及成品保存方法。

一、原料保存

1. 瓜类

新鲜瓜类原料冬季置于通风阴凉处，可保存 3～5 天；春、夏、秋季置于 1～5 ℃的冰箱内，可保存 10 天左右。

2. 水果类

新鲜水果类原料秋、冬季置于通风阴凉处，可保存 2～3 天；春、夏季置于 1～2 ℃的冰箱中，可保存 8～10 天。

3. 时令鲜蔬类

时令鲜蔬秋、冬季置于通风阴凉处，可保存 3 天左右；春、夏季可置于 1～5 ℃的冰箱内，可保存 10 天左右。

二、半成品保存

半成品必须用保鲜纸等包好，以免干瘪，不能长时间浸入水中。如室温超过 15 ℃，必须放入冰箱中冷藏。

1. 包裹保存法

把雕刻半成品用湿布、保鲜纸或塑料布包好，以防止其变色，水分蒸发。

2. 低温保存法

将雕刻半成品用保鲜薄膜、保鲜纸包好放入冷藏冰箱或冷藏库保存（以不结冰为好），使之长时间不褪色，质地不变，以便下次继续进行雕刻。

三、成品保存

雕刻成品若不即时使用，则须对其妥善保管。由于雕品大多为新鲜蔬菜、瓜果等制成，在空气中易氧化、褐变、腐烂、失水、变形等，使用有效期减短，从而造成工时与材料浪费，而雕刻成品尤其是组合雕刻成品是一件艺术性很高且较费时费力的观赏品，因此，对雕刻成品妥善保管，尽量延长其使用寿命是十分重要的。

■ 利用熟料雕刻的成品一般即时食用，故不存在保存问题。

对于果蔬雕刻而言，雕刻成品的保存方法通常有以下五种。

1. 水浸保存法

把雕刻成品放入洁净的 1%明矾水中浸泡，避免日照和冷冻，可防止干瘪，延长使用寿命。若在浸泡过程中出现明矾水混浊现象，应及时更换同样浓度的洁净明矾水继续浸泡。此外，在存放雕刻成品的冷水中加入几片维生素 C，也可使雕刻成品较长久地保持新鲜，尤其适用于用荔浦芋头等雕刻的作品。

■ 心里美萝卜容易褪色，不宜采用水浸保鲜法。

2. 低温保存法

将雕刻成品用保鲜膜包好，以隔绝空气，再放入 2～4 ℃的冷藏冰箱保存，或将雕刻成品放入装有清水的容器中（水必须没过作品），再将容器移入冰箱或冷库，以不结冰为准，可使之长时间不褪色，质地不变，延长使用时间。组合雕刻作品的各个部分雕好之后如暂不使用，可先不组装，用以上方法保存起来，待到使用当天再进行组装。

3. 明胶液密封保存法

在雕刻成品表面涂上一层明胶液，其冷凝后可使雕品与空气隔绝，从而有利于较长时间保存。这种方法适合在大型展台上展出的雕品。

4. 喷水保鲜法

用水壶经常往雕刻成品上喷水，保持雕品湿润，防止其干枯萎缩或失去光泽，这种方法也能起到保鲜作用。这一方法最快捷便利，是目前常用的方法之一。大型展台展出期间，应勤喷水，延长雕品展出时间。

5. 涂保护层低温保存法

用鱼胶粉熬好的“凝胶水”来涂刷作品，使其在作品表面形成一种透明的薄膜来留住水分。不用时将其放到低温处存放，这样效果更好。

■ 食品雕刻半成品、成品的“保鲜寿命”主要取决于温度和氧气两大因素。低温和缺氧的环境能抑制食品雕刻半成品、成品消耗，减少表面水分蒸发，减少微生物污染。

操作技能

迎宾繁花瓜果篮

操作准备

工具准备	原料准备
（1）主刀 1 把。	（1）西瓜 1 个。
（2）三角戳刀 1 把。	（2）心里美萝卜 1 个。
（3）双头圆口戳刀 1 把。	（3）青萝卜 1 根。

（4）胡萝卜1根。

（5）黄色雏菊、蓝色绣球花、高山羊齿叶、荷兰芹若干。

操作步骤

步骤1 用主刀将西瓜底部切平放稳，用三角戳刀在西瓜中间部位刻出宽度为5 cm的瓜篮手柄，再刻出瓜篮腰线，瓜篮腰线要和瓜篮手柄线相交，如图3–13所示。

图3–13 划出瓜篮手柄

步骤2 用主刀沿瓜篮手柄两边左、右各竖切一刀至瓜体一半，再左、右各横切一刀至和竖切的刀口相交，去掉瓜篮手柄两边的原料。

步骤3 用圆口戳刀在瓜篮手柄和左、右边缘处刻出波浪形半圆边，如图3–14所示。

图3–14 刻出瓜篮手柄和左、右边缘

步骤4 用主刀将瓜篮多余的瓜瓤都挖去，修理干净。

步骤5 用小号圆口戳刀在每一个半圆形中间位置打穿一个小圆洞，用主刀在瓜篮手柄和篮身连接处刻出一个等腰三角形，再刻去等腰三角形废料，如图3–15所示。

图 3-15 瓜篮打孔

图 3-17 交叉安装在瓜篮边缘

步骤 6 用主刀将先前两边多余的原料瓜皮刻出长 7 cm、宽 4 mm 的长条，如图 3-16 所示，将其分别交叉安装在瓜篮边缘的小圆洞上，如图 3-17 所示。

图 3-16 刻出长条

步骤 7 用心里美萝卜、青萝卜、胡萝卜雕刻三朵品种、形状各异的花卉，以及一朵小花苞（胡萝卜刻制）和五片叶子（青萝卜刻制）。

步骤 8 用荷兰芹将瓜篮铺填饱满，盖住瓜瓤部分，依次插入高山羊齿叶、黄色雏菊、蓝色绣球花、五片叶子、三朵花卉和一朵小花苞，完成作品，如图 3-18 所示。

图 3-18 瓜篮内插入花草

质量指标

1. 瓜篮放置平稳，不倾斜，形体圆整。
2. 瓜篮手柄宽度为5 cm，瓜篮边缘高度为主体高度的一半。
3. 瓜篮内瓜瓤去除干净，内面整洁。
4. 波浪形半圆边边缘光洁，不弯不斜、不凸不凹，打孔间距均匀。
5. 瓜篮两边的波浪形图案清晰整洁，无残缺。
6. 瓜篮边缘的插条安装紧实，不松动。
7. 三朵花卉品种、形状各异。
8. 花形饱满，比例适中，花瓣无破损、残缺。

红花绶带舞清风

操作准备

工具准备

（1）主刀 1 把。

（2）圆口戳刀 1 把。

（3）三角戳刀 1 把。

（4）仿真眼 1 对。

（5）胶水。

原料准备

（1）长南瓜 1 根。

（2）胡萝卜 1 根。

（3）青萝卜 1 根。

操作步骤

步骤 1 用主刀将长南瓜切去底部放平稳，刻去左、右两边的废料，定出鸟头的位置，如图 3-19 所示。

图 3-19 定出鸟头的位置

步骤 2 刻出鸟嘴和冠羽部分的三角形轮廓，如图 3-20 所示。

图 3-20 刻出鸟嘴和冠羽部分的三角形轮廓

步骤 3 细化鸟嘴和冠羽的轮廓，如图 3-21 所示。

图 3-21 细化鸟嘴和冠羽的轮廓

步骤 4 精细刻出鸟嘴，如图 3-22 所示；精细刻出冠羽，如图 3-23 所示。

图 3-22 刻出鸟嘴

图 3-23　刻出冠羽

步骤 5　刻出鸟身和鸟尾的大致宽度轮廓，如图 3-24 所示。

图 3-24　刻出鸟身和鸟尾的大致轮廓

步骤 6　刻出鸟向外拱起的胸部轮廓和向内凹陷的腹部轮廓，使之由上往下呈 S 形，如图 3-25 所示。

图 3-25　刻出胸部和腹部轮廓

步骤 7　在鸟身两侧刻出翅膀轮廓，如图 3-26 所示。

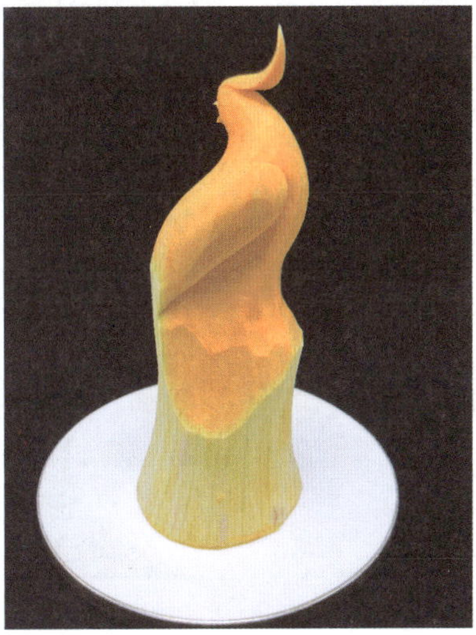

图 3-26　刻出两侧翅膀轮廓

步骤 8　用圆口戳刀刻出鸟两侧翅膀的覆羽、次级飞羽和初级飞羽，如图 3-27 和图 3-28 所示。

图 3-27 刻出覆羽和次级飞羽

图 3-28 刻出初级飞羽

步骤 9 用三角戳刀刻出鸟的尾羽，如图 3-29 所示。

图 3-29 刻出尾羽

步骤 10 用主刀刻出鸟的腹部和鸟爪，每只鸟爪雕刻出四根鸟趾。

步骤 11 将多余原料雕刻成衬托鸟的假山和草丛，如图 3-30 所示。

图 3-30 刻出假山和草丛

步骤 12 雕刻一朵月季花和三片叶子，粘接在一起，如图 3-31 和图 3-32 所示；将组装好的月季花粘接在假山草丛处。

图 3-31 刻出叶子

图 3-32 组装月季花和三片叶子

步骤 13 安装仿真眼。

质量指标

1. 雕刻出鸟头及其上的冠羽、鸟嘴，大小比例恰当。
2. 雕刻出的鸟身从后背看呈倒三角形，形态圆润饱满。
3. 翅膀位置在鸟的身体两侧，雕刻出覆羽、次级飞羽和初级飞羽。
4. 雕刻尾羽，位置在鸟的身体尾处，并且尾羽中间的两根是最长的。
5. 鸟的腹部要圆润饱满。
6. 鸟爪在腹部下方两侧，每只鸟爪雕刻出四根鸟趾。
7. 多余原料雕刻成假山、花草。
8. 月季花形态饱满，比例适中，花瓣无破损、残缺。
9. 叶子大小适中，花叶安装位置合理。

宝塔巧石花自开

操作准备

工具准备

（1）主刀 1 把。

（2）圆口戳刀 1 把。

（3）三角戳刀 1 把。

（4）胶水。

原料准备

（1）长南瓜 1 个。

（2）白萝卜 1 根。

（3）胡萝卜 1 根。

（4）青萝卜 1 根。

操作步骤

步骤1 用主刀将长南瓜头、尾修平整，使之垂直站立。

步骤2 刻出上、下底面为六边形（上小下大）的柱体作为宝塔粗坯，如图 3-33 所示。

图 3-33 刻出宝塔粗坯

步骤3 精细雕刻出宝塔最上层的塔檐，如图 3-34 所示。

图 3-34 刻出最上层的塔檐

步骤4 精细雕刻出宝塔最上层的塔身、塔梁和塔门，如图 3-35 所示。

图 3-35 刻出最上层的塔身、塔梁和塔门

步骤5 从上到下依次刻制出五层宝塔塔层，并刻出塔基及其砖石纹理，如图 3-36 至图 3-40 所示。

图 3-36 刻第一层

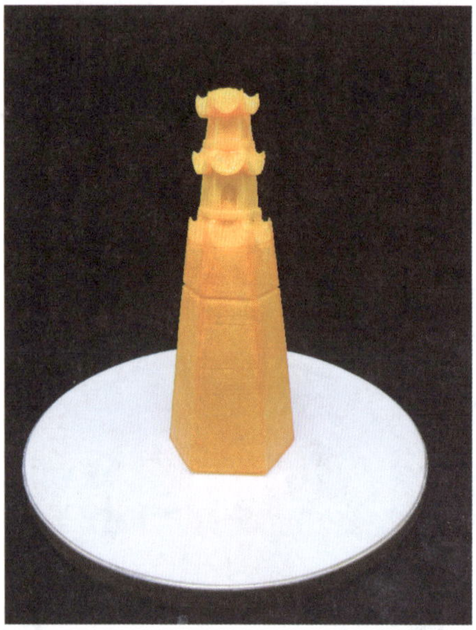

图 3-37 刻第二层

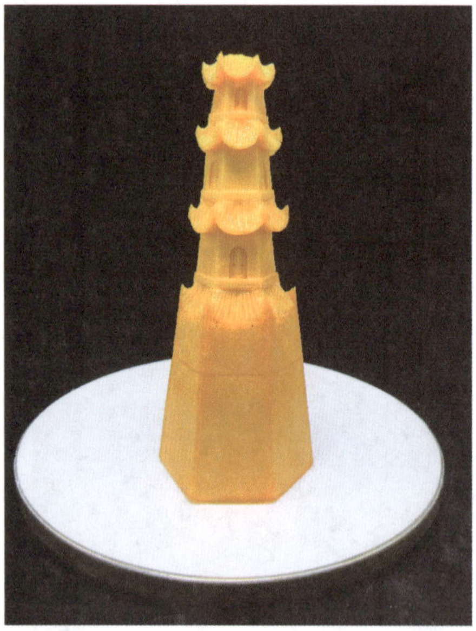

图 3-38 刻第三层

图 3-39 刻第四、五层

图 3-40 刻塔基及其砖石纹理

步骤 6 用废料刻制出宝塔的葫芦形塔尖，并将其粘接在塔顶，如图 3-41 所示。

图 3-41　粘接上塔尖

步骤 7　将高低不一的白萝卜原料粘接成假山轮廓，如图 3-42 所示。

图 3-42　组装假山轮廓

步骤 8　用主刀、圆口戳刀和三角戳刀镂刻出假山造型，如图 3-43 所示。

图 3-43　刻出假山造型

步骤 9　用三角戳刀在青萝卜表皮雕刻出草丛形状，再用主刀将其从青萝卜上刻下来，如图 3-44 所示，然后外表皮向内卷成立体草丛形状，并用胶水固定，如图 3-45 所示。用胡萝卜雕刻出两种类型的小花。作品所需的草丛、

图 3-44　刻出草丛

小花种类和数量如图 3-46 所示。将宝塔、草丛、小花粘接、插接在假山上。

图 3-45 卷制草丛

图 3-46 草丛、小花

质量指标

1. 宝塔粗坯每个面大小均匀。
2. 雕刻出每层塔层的塔檐、塔身、塔梁和塔门。
3. 雕刻出五层宝塔的塔层。
4. 每层由上至下依次逐渐增大。
5. 刻制出宝塔的葫芦形塔顶，并安装。
6. 刻制出假山轮廓造型。
7. 精细雕刻假山，并镂刻出层次和通透感。
8. 雕刻出假山上的草丛和小花。
9. 将宝塔、草丛和小花合理地粘接在假山上。

翠竹霞石繁花开

操作准备

工具准备

（1）主刀 1 把。

（2）圆口戳刀 1 把。

（3）三角戳刀 1 把。

（4）拉线刀 1 把。

（5）胶水。

（6）绿色塑料套管钢丝。

原料准备

（1）青萝卜 2 根。

（2）心里美萝卜 1 个。

（3）白萝卜 1 根。

操作步骤

步骤1 用主刀将白萝卜刻出高低不一的段，并将其粘接成一组假山的轮廓，如图3-47所示。

图3-47 组装假山轮廓

步骤2 用主刀、圆口戳刀和三角戳刀刻出假山造型，如图3-48所示。

图3-48 刻出假山造型

步骤3 用主刀将青萝卜去皮，用三角戳刀在青萝卜上刻出一圈圆形线条，并用圆口戳刀在圆形线条上、下侧各刻去一圈废料，修出竹节，如图3-49所示。

图3-49 修出竹节

步骤4 用主刀直刻出上半部的竹段，如图3-50所示。

步骤5 直刻出下半部的竹段，并用同样的方法另刻出一根分为三节的竹子，如图3-51和图3-52所示。

图 3-50 直刻出上半段

图 3-51 直刻出下半段并修出第 2 根竹子的两个竹节

图 3-52 完整刻出第 2 根竹子

步骤 6 用主刀刻出第一个竹子上半部的裂口，如图 3-53 所示。

图 3-53 刻裂口

步骤7 用主刀在青萝卜表皮刻出竹叶，再用拉线刀在竹叶上拉出叶脉，如图3–54所示。

图3–54 刻出竹叶，拉出叶脉

步骤8 用青萝卜刻出草丛、叶子，如图3–55和图3–56所示。

图3–55 刻出草丛

图3–56 刻出叶子

步骤9 用心里美萝卜雕刻出月季花，如图3–57所示。

图3–57 刻出花卉

步骤10 将竹叶粘接在竹子上，如图3–58所示；用胶水将竹子粘接在假山平面的中后部位，将月季花和叶子粘接在假山的左侧部位，将草丛粘接在假山的右侧部位，如图3–59所示。

图 3-58　安装竹叶

图 3-59　组装

质量指标

1. 刻制出一组假山的轮廓造型。
2. 精细雕刻假山，并镂刻出层次和通透感。
3. 雕刻出逼真的竹子和花卉。
4. 组装部分大小比例合理。
5. 组装后，高低层次和前后层次分明，距离合理。
6. 色彩搭配合理美观。

水中燕鱼戏珊瑚

操作准备

工具准备

（1）主刀1把。

（2）圆口戳刀1把。

（3）三角戳刀1把。

（4）仿真眼2对。

（5）胶水。

原料准备

（1）南瓜1个。

（2）白萝卜1根。

（3）青萝卜1根。

（4）心里美萝卜1个。

操作步骤

步骤 1 用主刀将南瓜切厚片，如图 3-60 所示，用其雕刻出鱼的大致轮廓，如图 3-61 所示。

图 3-60 切南瓜厚片

图 3-61 雕刻出鱼轮廓

步骤 2 精细雕刻出鱼的各个部位，如图 3-62 所示；直刻出半圆形鱼鳞，插入仿真眼，粘接上鱼鳍（用主刀和拉线刀刻出），如图 3-63 所示。

图 3-62 刻出鱼的各个部位

图 3-63 粘接上鱼鳍

步骤3 用主刀刻制出一组水石轮廓，如图3-64所示。

图3-64 刻制假山轮廓

步骤4 精细雕刻水石，镂刻出层次和通透感，如图3-65所示。

图3-65 精细雕刻水石

步骤5 用主刀和拉线刀将青萝卜雕刻成各类水草，如图3-66所示。

图3-66 刻出水草

步骤6 用主刀将胡萝卜刻成长方体，如图3-67所示；再将其修成长圆锥体，如图3-68所示；用圆口戳刀在长圆锥体胡萝卜的底部挖一个孔，如图3-69所示。

图3-67 刻出长方体

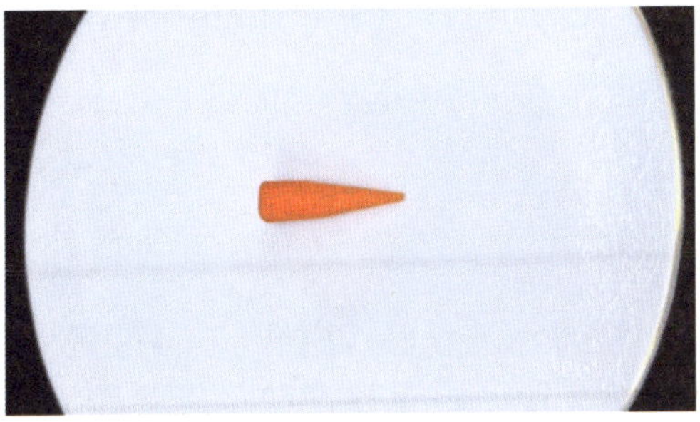
图 3-68　修成长圆锥体

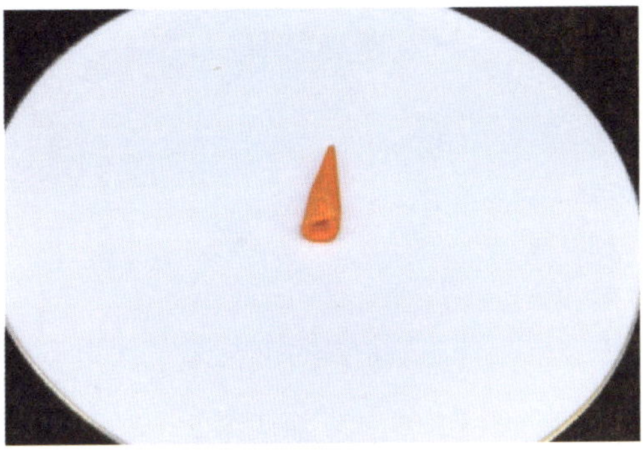
图 3-69　挖孔

步骤 7　用同样的方法将心里美萝卜修成带孔的长圆锥体。

步骤 8　将若干带孔的长圆锥体胡萝卜和心里美萝卜粘接成珊瑚形态，如图 3-70 所示。

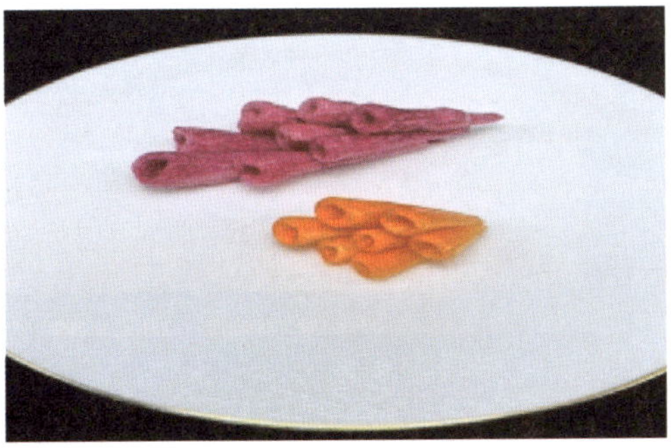
图 3-70　粘接珊瑚

步骤 9　将鱼、水石、水草和珊瑚粘接组装在一起，注意前后、左右的高低层次，如图 3-71 和图 3-72 所示。

图 3-71　装上部分水草和珊瑚

图 3-72　装上剩下部分的水草和鱼

质量指标

1. 精细雕刻出鱼的形态及其各个部位的细节。
2. 精细雕刻组装出珊瑚、水石的高低错落感和通透感。
3. 雕刻出水草飘逸的感觉。
4. 组装部分大小比例合理。
5. 组装后，高低层次和前后左右的层次分明，距离合理。
6. 色彩搭配合理美观。

练习与检测

一、判断题（将判断结果填入括号中，正确的填“√”，错误的填“×”）

1. 组合雕刻是指将三块或三块以上的原料分别雕刻成形，再集中组装成某个造型形象的食品雕刻方法。　　（　　）

2. 广义的组合雕刻属于工艺美术中艺术雕塑的范畴，是实用美术的一种。（　　）

3. 雕刻过程中一定要关注比例，不要久雕不看，尤其作品比较大时，要随时起身从远处查看比例是否协调，进行调整。　　（　　）

4. 衡量一个雕刻师刀工技艺是否高超，不仅在于其能否将原料雕刻成各种精美的形状，还在于其能否合理切割原料，要做到大材大用、小材小用、物尽其用，达到既不浪费原料又能保证成形美观的目的。　　（　　）

5. 写意雕刻是指把实物的形象真实地表现出来，不可夸张、不可变形，真实地再现实物原貌，雕出的作品有一定的意境。　　（　　）

二、单项选择题（选择一个正确的答案，将相应的字母填入题内的括号中）

1. 组合雕刻的目的是装饰、（　　），烘托宴饮气氛，突出宴饮主题，增进食欲，使人们在品尝美味佳肴的同时得到一种审美享受。

A. 增进友谊　　B. 烘托环境　　C. 美化菜肴　　D. 突显技艺

2. 雕刻作品的构思主要包括设计造型、（　　）两项内容。在明确宴会主题、雕品题材后设计雕品造型。

A. 设计环境　　B. 选择盛器　　C. 选择刀具　　D. 选择原料

3. 食品雕刻在操作技术上主要是一个（　　）过程，通过雕或刻，对现有原料的空间形体由外向内进行体积剔减，去掉与造型不相吻合的多余部分，以增加凹凸或减小凹凸来塑造新的形体。

A. 加料　　B. 减料　　C. 塑形　　D. 艺术

4. 组合雕刻的组装工艺复杂，要按所构思物象的结构比例和特定位置准确组装，各个部位的零雕部件与整雕部件的组装比例要适当，即大小、长短、（　　）要比例协调，使作品完美统一，从而突出作品的艺术效果。

A. 胖瘦　　B. 高矮　　C. 深浅　　D. 远近

5. 组合雕刻花样繁多，无论是花鸟鱼虫、风景建筑，还是人物盆景、飞禽走兽，无不栩栩如生。组合雕刻作品多由多种原料雕刻拼接组装而成，其中运用了多种雕刻技法，具有（　　）的特点。

A. 可变动　　B. 可变形　　C. 可拼摆　　D. 可拆卸

三、多项选择题（选择两个或两个以上正确的答案，将相应的字母填入题内的括号中）

1. 在设计制作宴会雕刻作品时，要根据宴席的（　　），客人的层次和情趣等因素构思，设计贴近主题，巧妙新颖的作品，不应千篇一律。

A. 性质　　B. 环境　　C. 规模　　D. 服务　　E. 档次

2. 能够用于组合雕刻的食品原料有很多，每种原料都有其独特的光泽、（　　）、味道等，这些都是选料过程中需要考量的重要因素，关系到组合雕刻作品的造型设计。

A. 质地　　B. 纹理　　C. 颜色　　D. 气味　　E. 形状

3. 由于雕品大多为新鲜蔬果等制成，在空气中易氧化、褐变、腐烂、失水、变形等，使用有效期减短，因此对雕刻成品妥善保管，尽量延长其使用寿命是十分重要的，雕刻作品的成品保存方法有（　　）等。

A. 水浸保存法　　B. 低温保存法　　C. 冷冻保存法

D. 喷水保鲜法　　E. 加热保存法

参考答案

一、判断题

1. ×　　2. √　　3. √　　4. √　　5. ×

二、单项选择题

1. C　　2. D　　3. B　　4. B　　5. D

三、多项选择题

1. ACE　　2. ABDE　　3. ABD